U0652525

高职高专公共基础课系列教材

《计算机应用项目化教程（Windows 7 + Office 2010）（第二版）》实例指导

张耀辉　周　怡　韦玉轩　编著

西安电子科技大学出版社

内 容 简 介

本书是针对教育部提出的《计算机教学基本要求》和《办公软件应用国家职业标准》，结合湖南省《高等职业学校计算机应用能力考试标准》《信息化办公考试标准》和《Office 办公软件考试标准》实际执行情况编写的。

全书包括 Word 文字处理软件应用、Excel 电子表格处理软件应用、PowerPoint 演示文稿软件应用三个部分，内容涵盖了全国计算机等级考试新大纲、湖南省《高等职业学校计算机应用能力考试标准》所要求的知识点。

本书适用于高职高专院校各专业计算机应用基础课程的教学，也适用于企事业单位的计算机应用能力培训。

图书在版编目(CIP)数据

《计算机应用项目化教程(Windows 7 + Office 2010)(第二版)》实例指导 / 张耀辉，周怡，韦玉轩编著. —2 版. —西安：西安电子科技大学出版社，2019.8(2022.8 重印)
ISBN 978-7-5606-5413-3

Ⅰ.① 计…　Ⅱ.① 张…　② 周…　③ 韦…　Ⅲ.① Windows 操作系统—高等职业教育—教学参考资料　② 办公自动化—应用软件—高等职业教育—教学参考资料
Ⅳ.① TP316.7　② TP317.1

中国版本图书馆 CIP 数据核字(2019)第 167713 号

策　　划　杨丕勇
责任编辑　杨丕勇
出版发行　西安电子科技大学出版社(西安市太白南路 2 号)
电　　话　(029)88202421　88201467　　邮　　编　710071
网　　址　www.xduph.com　　电子邮箱　xdupfxb001@163.com
经　　销　新华书店
印刷单位　陕西日报社
版　　次　2019 年 8 月第 2 版　　2022 年 8 月第 8 次印刷
开　　本　787 毫米×1092 毫米　1/16　印　张　8.5
字　　数　198 千字
印　　数　9341～10 840 册
定　　价　25.00 元
ISBN 978-7-5606-5413-3 / TP
XDUP 5715002-8

如有印装问题可调换

前　言

信息时代背景下的高职教育蓬勃发展，高职院校的课程改革工作也日新月异。为寻求突破，湖南邮电职业技术学院互联网工程系组建了高职“计算机应用基础”课程教改团队，旨在针对传统教学“重知识点讲授、轻实践性教学”的特点，紧紧抓住学生的知识结构、认知特征和兴趣导向，将知识点项目化，将枯燥的讲授变为生动的体验，对高职“计算机应用基础”课程实施情景式项目教学改革。

基于上述背景，编者围绕湖南省《高等职业学校计算机应用能力考试标准》《信息化办公考试标准》和《Office 办公软件考试标准》的实际执行情况，基于“优化、整合”的思路构建内容体系和结构体系，力求编写一本符合高等职业院校计算机应用能力考试标准、实用性强、使用价值高的实例指导教材，为职业院校学生和企事业单位员工提供一个教学与培训的内容载体。

本书以掌握计算机操作技能为目的，将实训与上机操作紧密结合，与课程要求环环相扣，具有很强的指导作用。本书既可作为《计算机应用项目化教程（Windows 7+Office 2010）（第二版）》一书的配套教材，也可作为上机练习和自我测试的独立教材。

本书第一部分由张耀辉老师编写，第二部分由韦玉轩老师编写，第三部分由周怡老师编写。

由于编者水平有限，书中不足之处在所难免，恳请广大读者和专家们批评指正。想要获取书中的素材资料，请联系作者。作者 E-mail：68582560@qq.com。

编　者

2019 年 5 月

目　　录

第一部分　Word 文字处理软件应用

第二部分　Excel 电子表格处理软件应用

第三部分　PowerPoint 演示文稿软件应用

第一部分
Word 文字处理软件应用

第一单元　文档格式设置与编排

第 1 题　编排招聘启事文本

一、操作要求

1. 打开考生文件夹下的“wordz1_4.docx”文件，完成如下操作：

(1) 将“招聘职位”“职位要求”“工资薪酬”“联系人”“联系电话”等文字设置为黑体、四号字、加粗。

(2) 将标题“招聘启事”及最后一行“无限设计空间，释放精彩人生!”设置为黑体、三号字、居中对齐。

完成以上操作后，以“wordz1_4a.docx”为文件名另存到考生文件夹下。

2. 打开考生文件夹下的“wordz2_4.docx”文件，将文档保护密码设置为“123”。完成以上操作后，以“wordz2_4a.docx”为文件名另存到考生文件夹下。

二、操作步骤

1. 打开 Word 文档“wordz1_4.docx”，用鼠标拖选“招聘职位”四个字，单击“开始”选项卡“字体”功能区中的字体设置按钮 宋体 (中文正文) ，在下拉列表中单击“黑体”选项；然后单击字号设置按钮 五号 ，在下拉列表中单击“四号”选项；再单击字体加粗按钮 **B**，如图 1-1 所示。

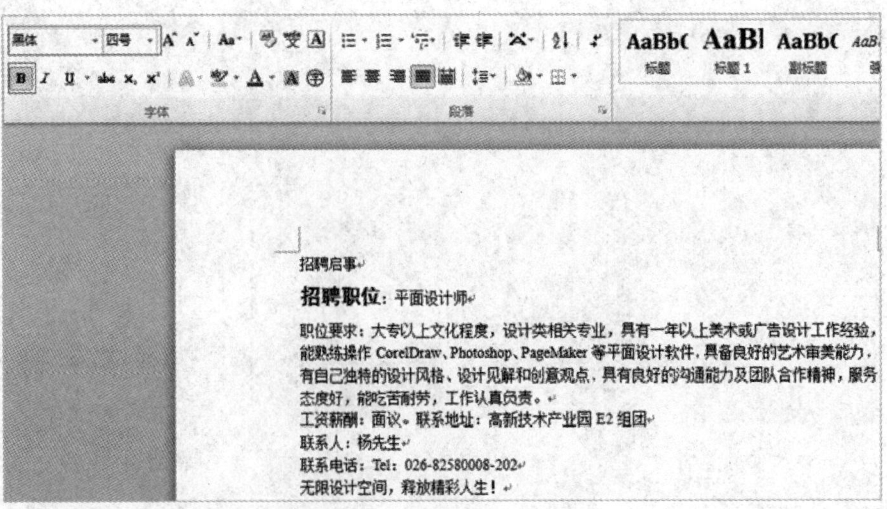

图 1-1　设置字体和字号

2. 将鼠标停留在刚才设置好的“招聘职位”四个字上，双击“开始”选项卡中的格式刷按钮 格式刷，此时鼠标变成一个刷子的形状，然后依次选中“职位要求”“工资薪酬”“联系人”“联系电话”等文字，将文字格式刷成和“招聘职位”一样的格式，如图 1-2 所示。

招聘启事

招聘职位：平面设计师

职位要求：大专以上文化程度，设计类相关专业，具有一年以上美术或广告设计工作经验，能熟练操作 CorelDraw、Photoshop、PageMaker 等平面设计软件。具备良好的艺术审美能力、有自己独特的设计风格、设计见解和创意观点。具有良好的沟通能力及团队合作精神，服务态度好，能吃苦耐劳，工作认真负责。

工资薪酬：面议。联系地址：高新技术产业园 E2 组团

联系人：杨先生

联系电话：Tel：026-82580008-202

无限设计空间，释放精彩人生！

图 1-2　通过格式刷设置字体格式

3. 用鼠标拖选文中的第一段，单击“开始”选项卡“字体”功能区中的字体设置按钮 宋体 ，在下拉列表中单击“黑体”选项；然后单击字号设置按钮 小四 ，在下拉列表中单击“三号”选项；再单击“段落”功能区中的居中对齐按钮，设置居中对齐，如图 1-3 所示。

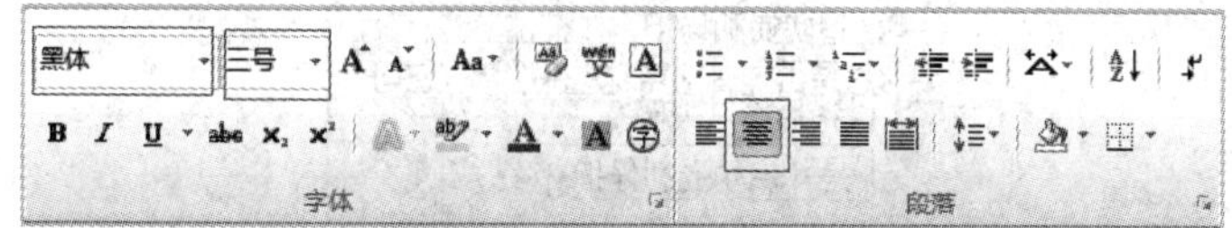

图 1-3　设置字体、字号和段落对齐方式

4. 将鼠标停留在第一段的位置，单击格式刷按钮，再拖选文章的最后一段，使最后一段的字体与段落格式与第一段一致。

5. 完成以上操作后，选择“文件”→“另存为”命令，在弹出的“另存为”对话框中设置保存路径为考生文件夹，文件名为“wordz1_4a.docx”，然后单击“保存”按钮完成文件保存，如图 1-4 所示。

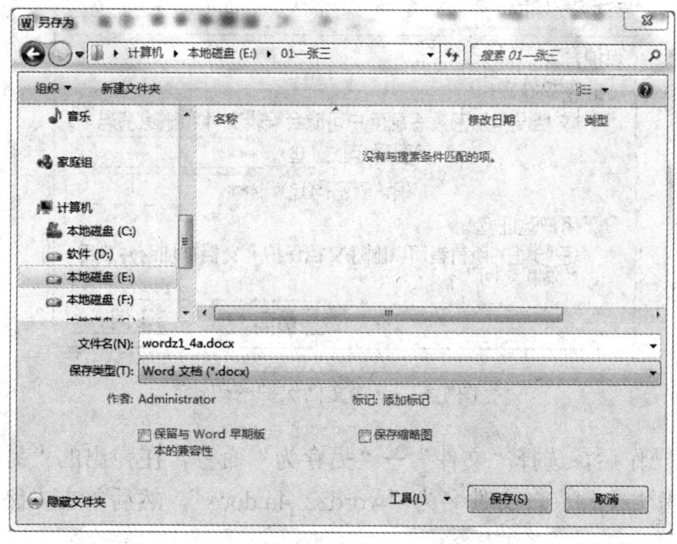

图 1-4　设置文件“另存为”对话框

6. 打开考生文件夹下的“wordz2_4.docx”文件，单击“审阅”选项中的“限制编辑”按钮，弹出“限制格式和编辑”对话框；然后勾选“编辑限制”中的“仅允许在文档中进行此类型的编辑”选项，并选择“不允许任何更改(只读)”选项，如图 1-5 所示。

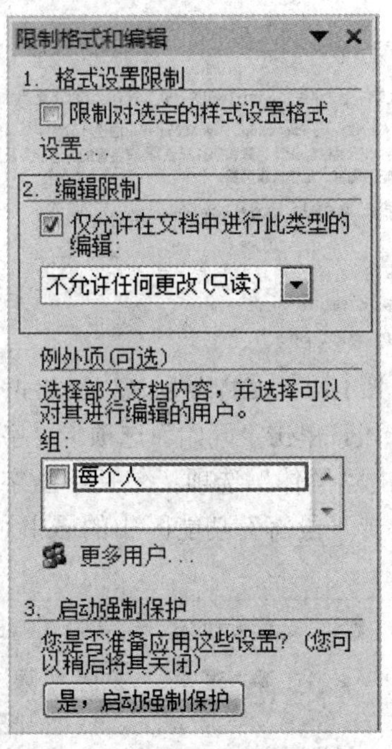

图 1-5 设置编辑限制选项

7. 单击“限制格式和编辑”对话框最下面的“是，启动强制保护”按钮，弹出“启动强制保护”对话框，在对话框中选择“密码”选项，并设置密码为“123”，如图 1-6 所示，然后单击“确定”按钮。

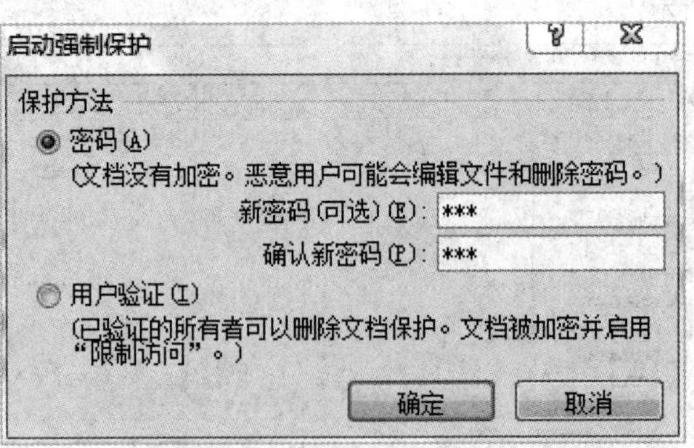

图 1-6 设置文档保护密码

8. 完成以上操作后，选择“文件”→“另存为”命令，在弹出的“另存为”对话框中设置保存路径为考生文件夹，文件名为“wordz2_4a.docx”，然后单击“保存”按钮，如图 1-7 所示。

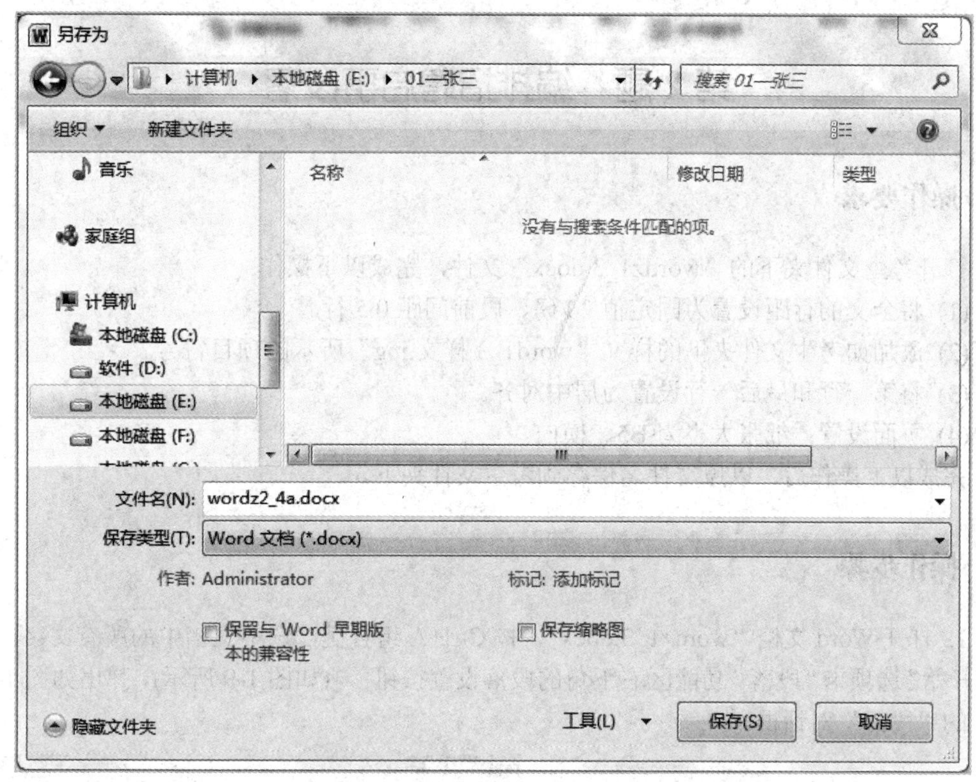

图 1-7　保存文档

三、效果图

招聘启事字体设置最终效果图如图 1-8 所示。

招聘启事

招聘职位：平面设计师

职位要求：大专以上文化程度，设计类相关专业，具有一年以上美术或广告设计工作经验，能熟练操作 CorelDraw、Photoshop、PageMaker 等平面设计软件，具备良好的艺术审美能力，有自己独特的设计风格、设计见解和创意观点，具有良好的沟通能力及团队合作精神，服务态度好，能吃苦耐劳，工作认真负责。

工资薪酬：面议。联系地址：高新技术产业园 E2 组团

联系人：杨先生

联系电话：Tel：026-82580008-202

无限设计空间，释放精彩人生！

图 1-8　招聘启事字体设置最终效果图

第2题 编排招聘启事段落

一、操作要求

打开考生文件夹下的“wordz1_3.docx”文件，完成以下操作：

(1) 将全文的行距设置为固定值20磅、段前间距0.5行。

(2) 添加如考生文件夹下的样文“word1_3样文.jpg”所示的项目符号。

(3) 将第一行和最后一行设置为居中对齐。

(4) 页面设置：纸张大小为B5、横向。

完成以上操作后，以原文件名保存到考生文件夹下。

二、操作步骤

1. 打开Word文档“wordz1_3.docx”，按Ctrl+A组合键，选中文档中的所有文字；单击“开始”选项卡“段落”功能区右下角的段落设置按钮 (如图1-9所示)，弹出如图1-10所示的“段落”对话框。

图1-9 单击段落设置按钮

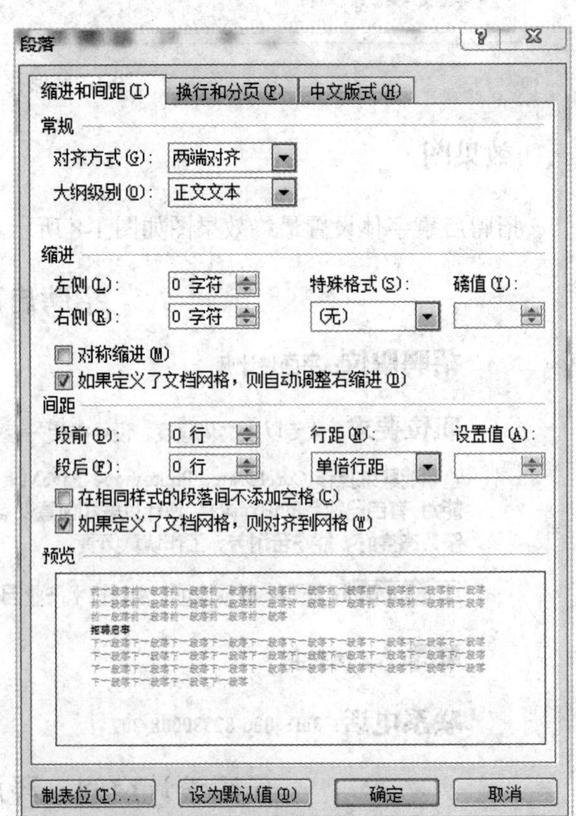

图1-10 “段落”对话框

2．在“段落”对话框中设置行距为固定值 20 磅，段前间距为 0.5 行，然后单击“确定”按钮，如图 1-11 所示。

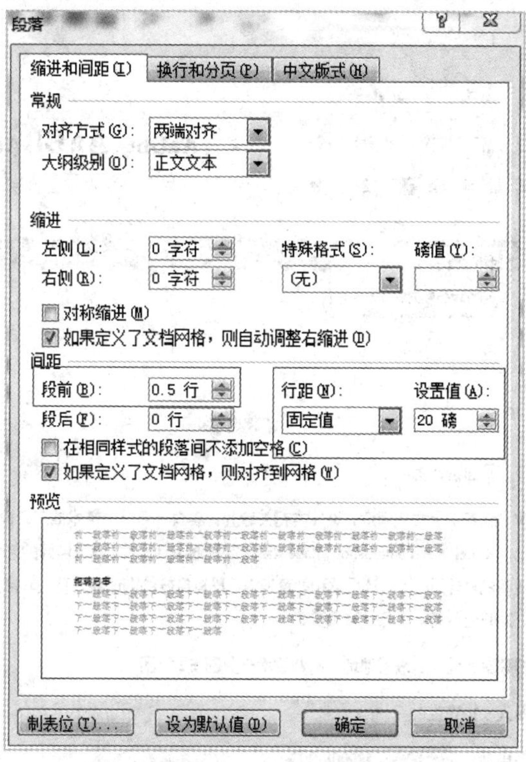

图 1-11　设置段落间距

3．按住鼠标左键拖选文章的第 4～6 段，然后单击“开始”选项卡“段落”功能区中的项目符号按钮(如图 1-12 所示)，在下拉列表中单击样文所示的项目符号➢，如图 1-13 所示。

图 1-12　“项目符号”按钮

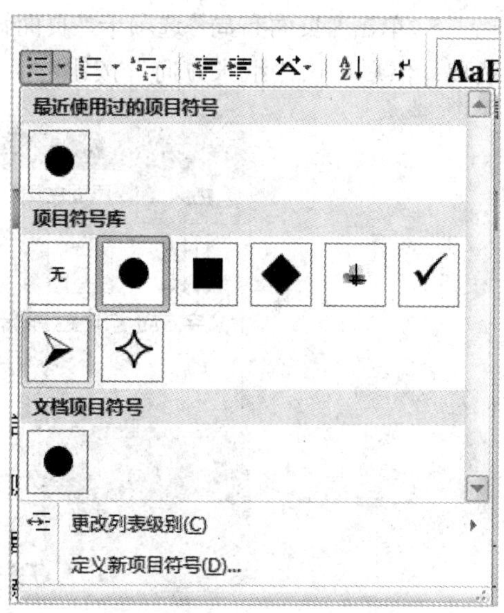

图 1-13　选择样文所示的项目符号

4. 选中文章的第一行，单击“开始”选项卡“段落”功能区中的对齐按钮☰，设置段落居中对齐；再选中文章的最后一行，使用相同的办法设置其对齐方式为居中对齐，如图 1-14 所示。

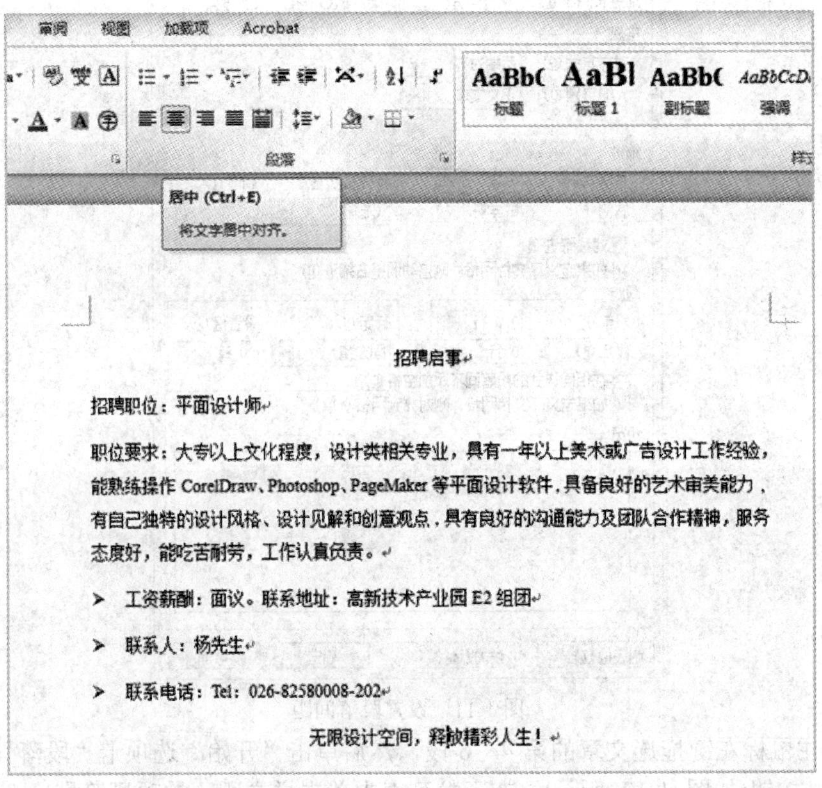

图 1-14　设置第一行和最后一行的对齐方式为居中对齐

5. 单击“页面布局”选项卡“页面设置”功能区中的“纸张大小”按钮，单击“B5”选项；然后单击“纸张方向”按钮，单击“横向”选项，如图 1-15 所示。

图 1-15　设置纸张方向为“横向”

6. 完成以上操作后，执行“文件”→“保存”命令，或者按 Ctrl＋S 组合键，保存当前文档。

三、效果图

招聘启事最终效果图如图 1-16 所示。

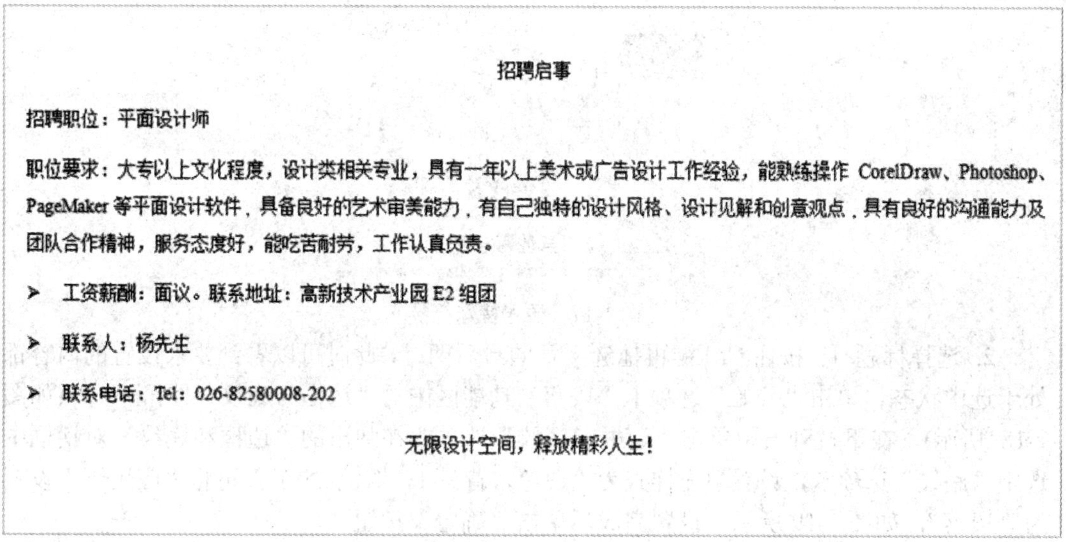

招聘启事

招聘职位：平面设计师

职位要求：大专以上文化程度，设计类相关专业，具有一年以上美术或广告设计工作经验，能熟练操作 CorelDraw、Photoshop、PageMaker 等平面设计软件，具备良好的艺术审美能力，有自己独特的设计风格、设计见解和创意观点，具有良好的沟通能力及团队合作精神，服务态度好，能吃苦耐劳，工作认真负责。

➢ 工资薪酬：面议。联系地址：高新技术产业园 E2 组团

➢ 联系人：杨先生

➢ 联系电话：Tel：026-82580008-202

无限设计空间，释放精彩人生！

图 1-16　招聘启事最终效果图

第 3 题　编排学雷锋活动月通知

一、操作要求

打开考生文件夹下的“wordg1_3.docx”文件，完成以下操作：

(1) 在标题前插入特殊符号“※”。

(2) 为标题及最后两行添加“白色，背景 1，深色 25%”的文字底纹。

(3) 插入页码：“页面底端”“普通数字 2”。

(4) 将文中“1.学生会……”到“4.宣传部负责学雷锋活动的宣传工作。”分成两栏，加分隔线。

完成以上操作后，以原文件名保存到考生文件夹中。

二、操作步骤

1. 打开 Word 文档“wordg1_3.docx”，将光标放在标题前；然后选择“插入”选

项卡“符号”功能区中的“符号”命令，在下拉列表中单击符号“※”，如图 1-17 所示。

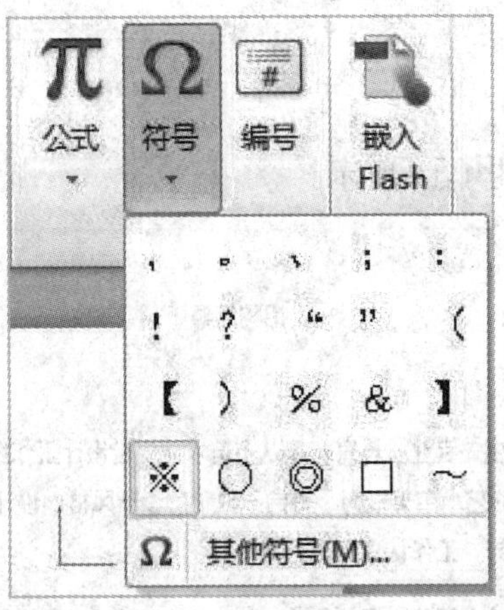

图 1-17 插入特殊符号

2. 选择标题行，按住 Ctrl 键再拖选文章的最后两行，此时可以看到要求设置的内容都处于选中状态；单击“开始”选项卡“段落”功能区中的“边框与底纹”按钮 (如图 1-18 所示)，在下拉列表中单击“边框和底纹”选项；在弹出的“边框和底纹”对话框中选中“底纹”选项卡，设置填充样式为“白色，背景 1，深色 25%”，再将“应用于”设置为“段落”，如图 1-19 所示，设置完成后单击“确定”按钮。

图 1-18 单击“边框和底纹”按钮

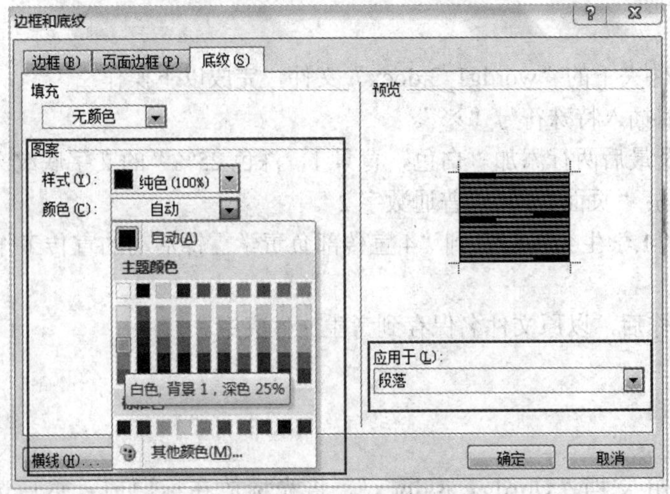

图 1-19 设置段落底纹

3. 单击“插入”选项卡“页眉和页脚”功能区中的“页码”按钮，在下拉列表中单击“页面底端”选项下的“普通数字 2”子选项，如图 1-20 所示。设置完后，单击窗口右上角的“关闭页眉和页脚”按钮。

【注意】进入页码设置界面时，窗口自动进入页眉和页脚视图，因此设置好页码之后应关闭页眉和页脚视图，进入普通视图。

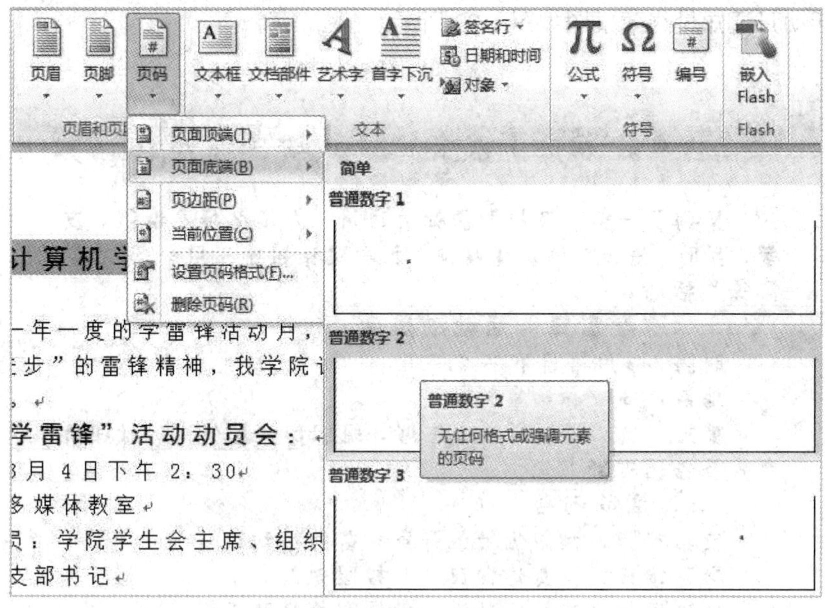

图 1-20　插入页码

4. 拖选文中“1. 学生会……”到“4. 宣传部负责学雷锋活动的宣传工作。”的内容，单击“页面布局”选项卡“页面设置”功能区中的“分栏”按钮，在下拉列表中单击“更多分栏”选项；在弹出的“分栏”对话框中单击“两栏”，并勾选“分隔线”选项，然后单击“确定”按钮，如图 1-21 所示。

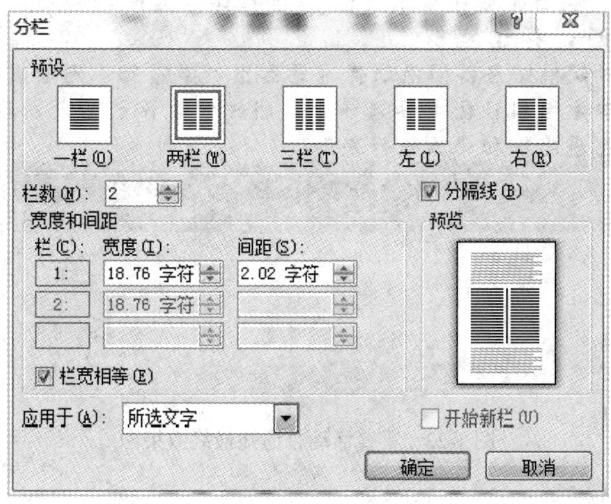

图 1-21　设置分栏

5．完成以上操作后，选择“文件”→“保存”命令，或者按 Ctrl + S 组合键，以原文件名保存文档。

三、效果图

雷锋活动月通知最终效果图如图 1-22 所示。

※计算机学院学雷锋活动月通知

又到了一年一度的学雷锋活动月，为了弘扬“奉献、友爱、互助、进步”的雷锋精神，我学院计划在三月举行“学雷锋”活动。

一、“学雷锋”活动动员会：

时间：3月4日下午 2：30

地点：多媒体教室

参加人员：学院学生会主席、组织部、宣传部、社团负责人及各团支部书记

二、活动内容：

走出校园，到附近社区开展学雷锋活动；

学习雷锋，从身边做起，从校园做起；

大力宣扬“雷锋”精神，做好宣传鼓动工作。

三、具体要求：

1、学生会为一个单位，各社团分别为一个单位，各团支部分别为一个单位进行活动。各单位负责人不超过两个；

2、各单位要组织本单位青年学生进行不少于一次学雷锋活动，可在校内外进行；

3、活动期间各单位要详尽保留照片等资料；

4、宣传部负责学雷锋活动的宣传工作。

四、评选表彰：

学院根据各部门活动情况评选出“学雷锋”先进组织四个（学生会和社团中评选一个，团支部中评选三个），并对所有先进组织和个人进行表彰。

计算机学院

2009.3.3

1

图 1-22　雷锋活动月通知最终效果图

第 4 题 美化招聘启事

一、操作要求

打开考生文件夹下的“wordz1_5.docx”文件，完成以下操作。

(1) 在页眉处输入文字“招聘启事”，右对齐。

(2) 为“招聘职位”到“联系电话”几个自然段添加如考生文件夹下的样文“wordz1_5样文.jpg”所示的编号。

(3) 将最后一个自然段居中对齐，添加“白色，背景 1，深色 15%”的文字底纹。

完成以上操作后，以“wordz1_5b.docx”为文件名另存到考生文件夹下。

二、操作步骤

1. 打开 Word 文档“wordz1_5.docx”，在文档的页眉处双击进入页眉和页脚视图，输入文字“招聘启事”，然后单击“开始”选项卡“段落”功能区中的“文本右对齐”按钮 ，效果如图 1-23 所示。设置完页眉后，单击窗口右上角的“关闭页眉和页脚”按钮，切换到普通视图。

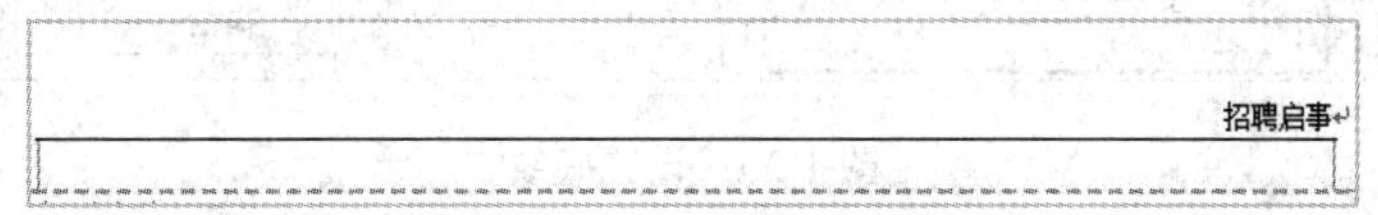

图 1-23 设置页眉

2. 选择文档中从“招聘职位”到“联系电话：Tel：026-82580008-202”的文字，然后单击“开始”选项卡中“段落”功能区中的“项目编号”按钮，在弹出的对话框中单击如样文所示的项目编号，如图 1-24 所示。

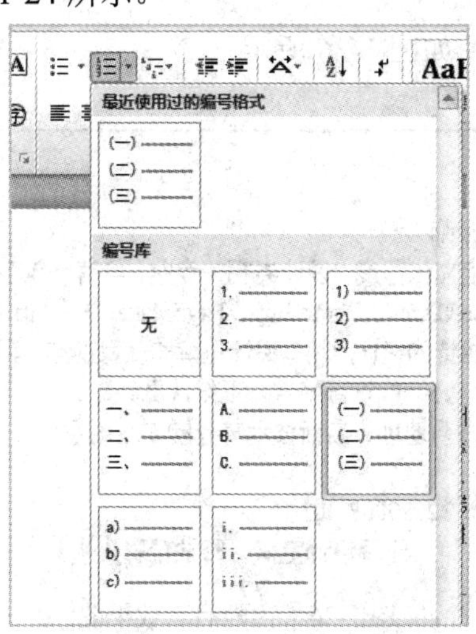

图 1-24 设置项目编号

3. 选择文中最后一个自然段，单击“开始”选项卡“段落”功能区中的“居中对齐”按钮，再单击“边框和底纹”按钮，在下拉列表中单击“边框和底纹”按钮 边框和底纹(O)... ；在弹出的“边框和底纹”对话框中单击“底纹”选项卡，并设置填充颜色为“白色，背景 1，深色 15%”，再将“应用于”设置为“文字”，如图 1-25 所示。

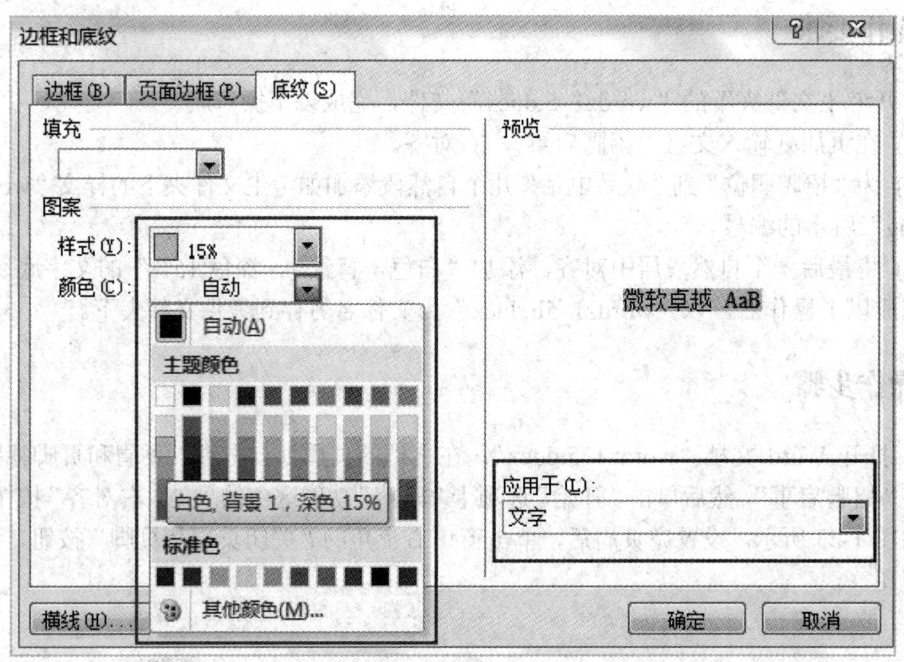

图 1-25　设置底纹

4. 完成以上操作后，选择“文件”→“另存为”命令，在弹出的“另存为”对话框中设置保存路径为考生文件夹，文件名为“wordz1_5b.docx”。

三、效果图

制作好的招聘启事效果图如图 1-26 所示。

招聘启事

招聘启事

(一) 招聘职位：平面设计师

(二) 职位要求：大专以上文化程度，设计类相关专业，具有一年以上美术或广告设计工作经验，能熟练操作 CorelDraw、Photoshop、PageMaker 等平面设计软件，具备良好的艺术审美能力，有自己独特的设计风格、设计见解和创意观点，具有良好的沟通能力及团队合作精神，服务态度好，能吃苦耐劳，工作认真负责。

(三) 工资薪酬：面议。联系地址：高新技术产业园 E2 组团

(四) 联系人：杨先生

(五) 联系电话：Tel：026-82580008-202

无限设计空间，释放精彩人生！

图 1-26　招聘启事效果图

第二单元　文档表格创建与设置

第 5 题　制作考试报名登记表

一、操作要求

在考生文件夹中新建名为“word2_1.docx”的 Word 文档，并在文档中绘制如图 1-27 所示表格(含标题)，单元格对齐方式为水平居中对齐。

<table>
<tr><td colspan="5">表一　全国计算机应用能力考试报名登记表</td></tr>
<tr><td>姓名</td><td>张英俊</td><td>性别</td><td>男</td><td rowspan="5">相片</td></tr>
<tr><td>身份证号</td><td colspan="3"></td></tr>
<tr><td>学历</td><td>大专</td><td>职务</td><td>主任</td></tr>
<tr><td>电话</td><td colspan="3"></td></tr>
<tr><td>单位名称</td><td colspan="3"></td></tr>
<tr><td>序号</td><td>科目代码</td><td>科目名称</td><td>考试日期</td><td>考试场次</td></tr>
<tr><td>1</td><td>101</td><td>计算机基础</td><td>2014-6-2</td><td>3</td></tr>
<tr><td></td><td></td><td></td><td></td><td></td></tr>
</table>

图 1-27　绘制的表格

完成以上操作后，以原文件名保存到考生文件夹下。

二、操作步骤

1. 打开考生文件夹，单击鼠标右键，在弹出的菜单中选择“新建”命令，然后单击子菜单中的“Microsoft Word 文档”选项，如图 1-28 所示，并为该文档命名为“word2_1.docx”。

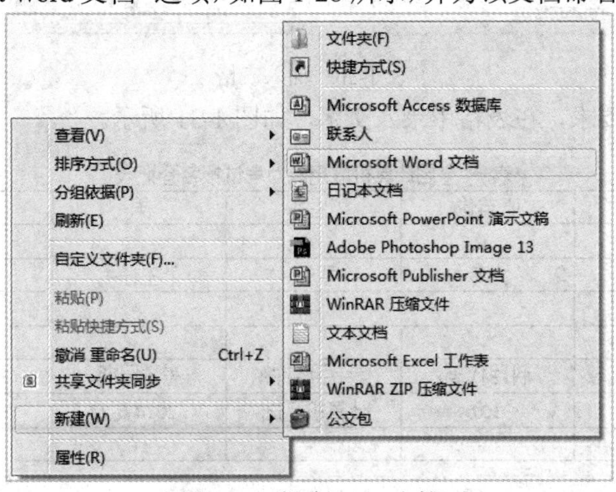

图 1-28　新建 Word 文档

2. 输入标题文字“表一 全国计算机应用能力考试报名登记表”，并单击“开始”选项卡“段落”功能区中的居中对齐按钮居中对齐标题文字，如图 1-29 所示。

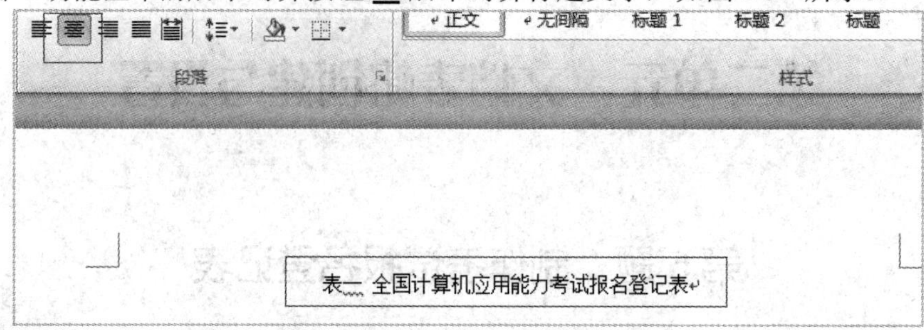

图 1-29 添加标题并设置居中对齐

3. 按回车键进入下一行，单击“插入”选项卡中的“表格”按钮，在下拉列表中单击“插入表格”选项，在弹出的“插入表格”窗口设置表格的列数为 5，行数为 8，如图 1-30 所示，然后单击“确定”按钮。

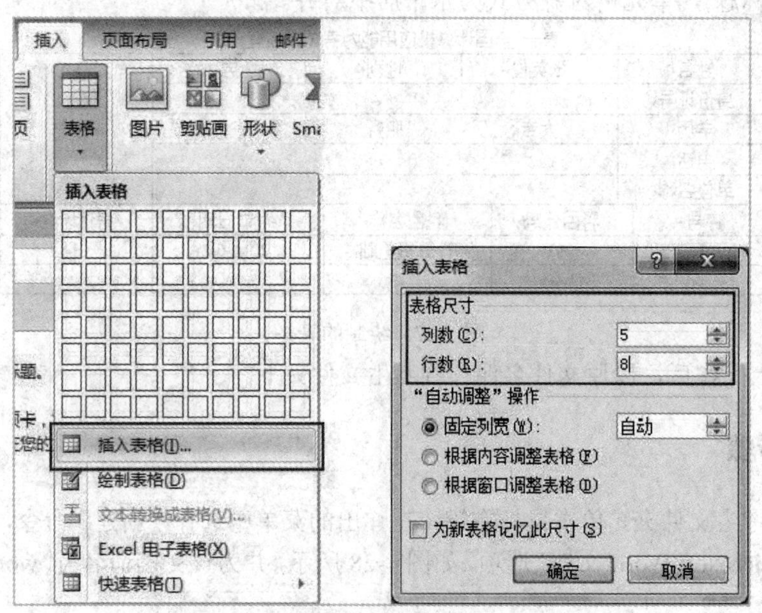

表 1-30 插入表格

4. 按照样文的要求，在表格中录入文字，如图 1-31 所示。

表一 全国计算机应用能力考试报名登记表

姓名	张英俊	性别	男	相片
身份证号				
学历	大专	职务	主任	
电话				
单位名称				
序号	科目代码	科目名称	考试日期	考试场次
1	101	计算机基础	2014-6-2	3

图 1-31 按样文要求录入文字

5. 依次选中需要合并的单元格，单击鼠标右键，单击弹出菜单中的“合并单元格”选项，如图 1-32 所示，完成三行单元格合并。

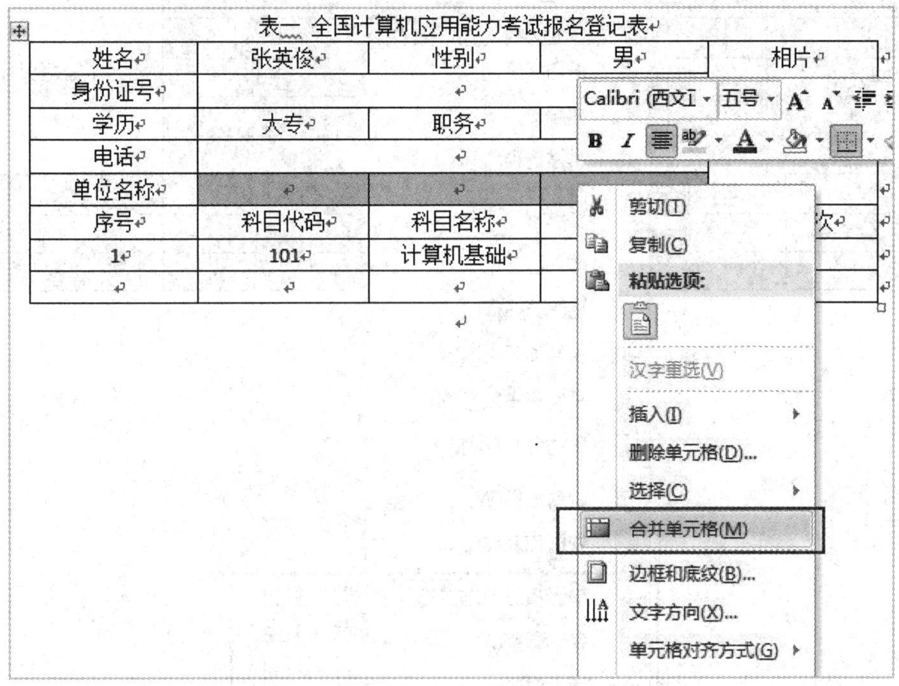

图 1-32 合并单元格

6. 按样文要求调整最后三行的列宽，具体操作如下：选择最后三行的第一列，然后将光标移动到第一列和第二列之间的边框线上，拖动边框调整第一列的宽度，如图 1-33 所示。依照此办法依次完成其余列列宽的调整。

【注意】调整部分列的列宽时，应先选中相应的列，否则会调整该列所有单元格的列宽。

表一 全国计算机应用能力考试报名登记表

姓名	张英俊	性别	男	相片
身份证号				
学历	大专	职务	主任	
电话				
单位名称				
序号	科目代码	科目名称	考试日期	考试场次
1	101	计算机基础	2014-6-2	3

图 1-33 调整最后三行的列宽

7. 用鼠标单击表格左上角的全选表格按钮 ✥，选中整个表格，然后单击鼠标右键，单击弹出菜单中的“单元格对齐方式”选项，单击“水平居中对齐”按钮 ☰，如图 1-34 所示。

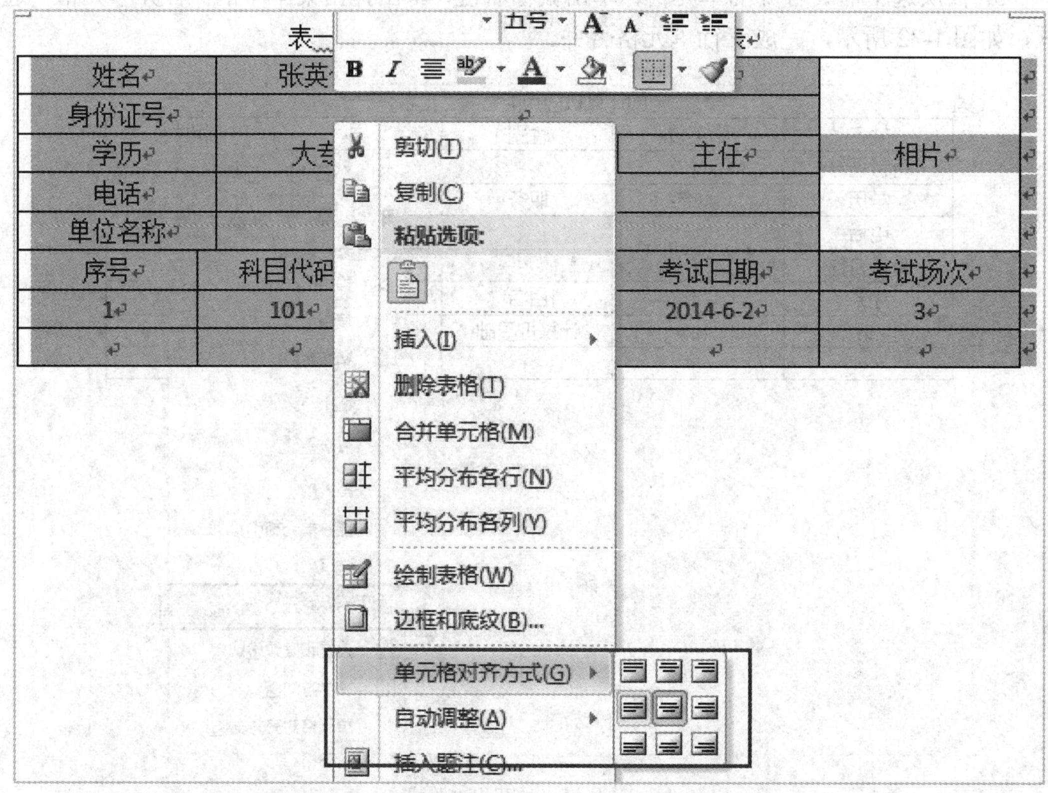

图 1-34　设置单元格对齐方式为水平居中对齐

8. 完成以上操作之后，选择“文件”→“保存”命令，或者按 Ctrl + S 组合键，保存文档。

三、效果图

制作好的全国计算机应用能力考试报名登记表效果图如图 1-35 所示。

表一 全国计算机应用能力考试报名登记表

姓名	张英俊	性别	男	相片
身份证号				
学历	大专	职务	主任	
电话				
单位名称				
序号	科目代码	科目名称	考试日期	考试场次
1	101	计算机基础	2014-6-2	3

图 1-35　计算机应用能力报名登记表效果图

第6题 制作店面销售统计表

一、操作要求

打开考生文件夹下的“word2_7.docx”文件，并完成如下操作：

(1) 删除“朝阳店”一行。

(2) 在“远大店”一行的前面插入一空行，并将插入的空行合并为一个单元格。

(3) 将第一行的单元格对齐方式设置为“水平居中”。

(4) 将表格外边框线的宽度设置为3.0磅。

完成以上操作后，以原文件名保存到考生文件夹下。

二、操作步骤

1. 打开考生文件夹下的“word2_7.docx”文件，选中“朝阳店”所在行，单击鼠标右键，然后单击弹出菜单中的“删除行”选项删除该行，如图1-36所示。

【注意】选中行的操作方法：将光标移动到表格的左侧，当光标变成向右的箭头↗时，在对应行的位置单击，即可选中该行。

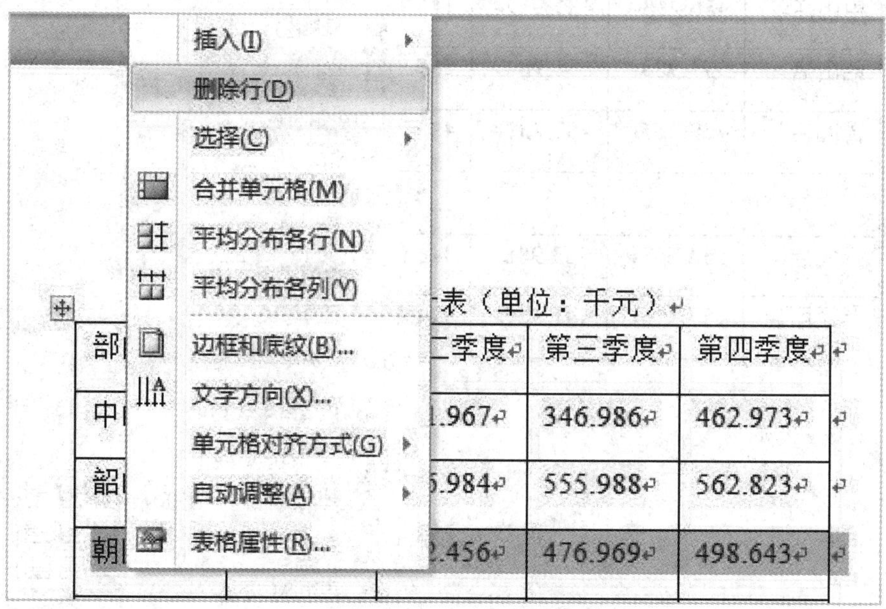

图1-36 删除行

2. 将光标移动到“远大店”一行，单击鼠标右键，单击弹出菜单中“插入”选项中的“在上方插入行”子选项，则在“远大店”上方插入一空行，如图1-37所示。选中此空行中的所有单元，然后单击鼠标右键，单击弹出菜单中“合并单元格”选项，合并此行单元格。

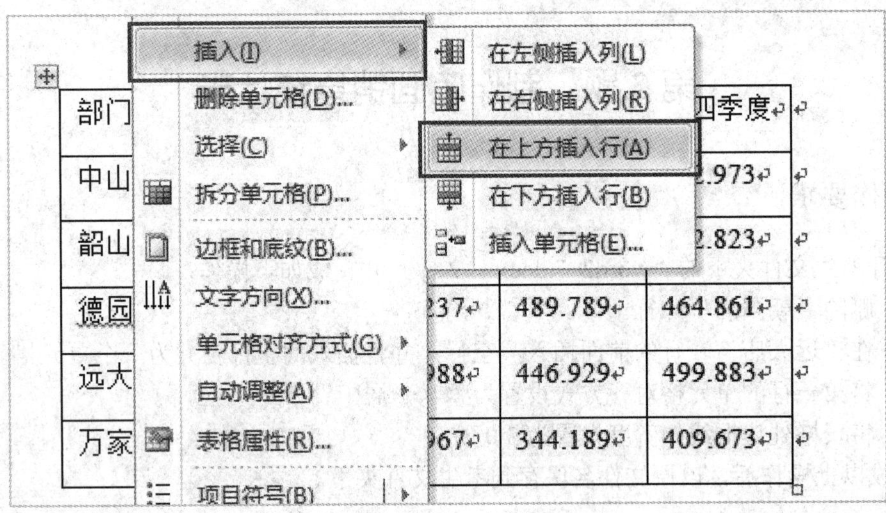

图 1-37 在“远大店”一行上方插入行

3. 选中表格第一行的所有单元格，单击鼠标右键，然后单击弹出菜单中“单元格对齐方式”选项中的“水平居中对齐”子选项，水平居中对齐单元格如图 1-38 所示。

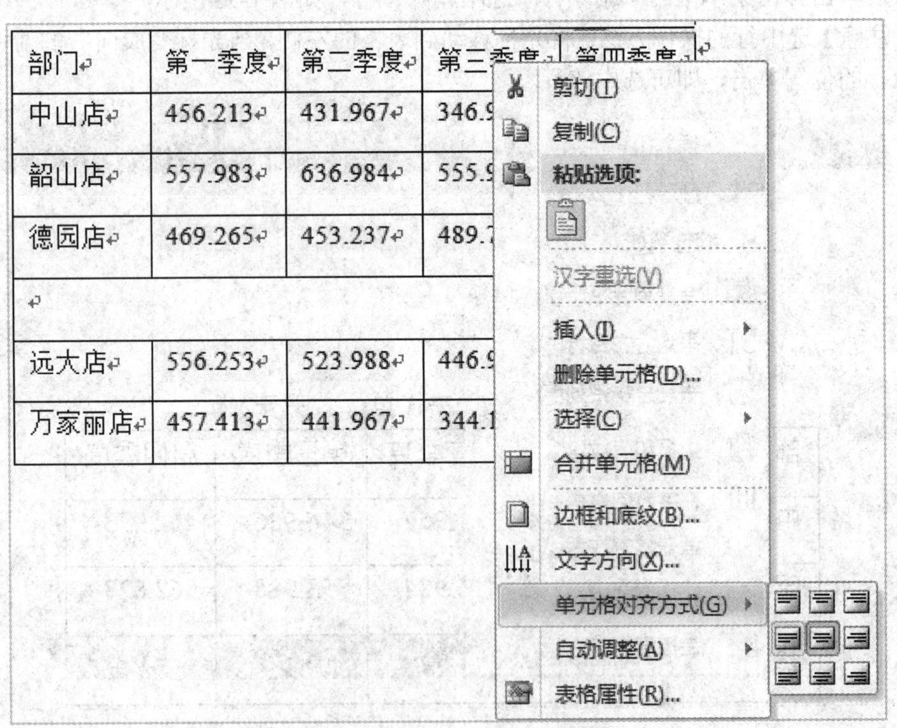

图 1-38 设置第一行对齐方式为“水平居中对齐”

4. 双击表格左上角的选中表格按钮⊞，选中整个表格，单击“表格样式”工具组中的线宽度下拉列表，设置边框线的粗细为 3 磅，然后单击“边框”按钮下拉列表中“外侧框线”按钮，如图 1-39 所示，设置表格边框。

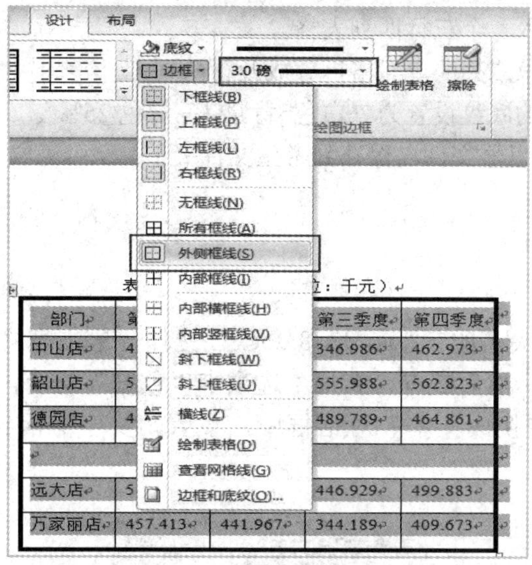

图 1-39 设置表格边框

5. 完成以上操作后，选择“文件”→“保存”命令，或者按 Ctrl + S 组合键，保存当前文档。

三、效果图

制作好的店面销售统计表效果图如图 1-40 所示。

表二 销售统计表（单位：千元）

部门	第一季度	第二季度	第三季度	第四季度
中山店	456.213	431.967	346.986	462.973
韶山店	557.983	636.984	555.988	562.823
德园店	469.265	453.237	489.789	464.861
远大店	556.253	523.988	446.929	499.883
万家丽店	457.413	441.967	344.189	409.673

图 1-40 销售统计表效果图

第 7 题 制作销售业绩统计表

一、操作要求

打开考生文件夹下的“word2_8.docx”文件，完成如下操作：

(1) 将表格转换成文本，文字分隔符为“逗号”。

(2) 在文档末尾插入一个三行四列表格。

(3) 将表格第二行第二列的单元格拆分成两行两列。

(4) 将表格第一行的底纹设置为“白色　背景 1，深色 25%”。

完成以上操作后，以原文件名保存到考生文件夹下。

二、操作步骤

1. 打开考生文件夹下的 “word2_8.docx”文件，单击表格左上角的选中表格按钮，选中整个表格；然后选择“布局”选项卡“数据”功能区中的转换为文本按钮，在弹出“表格转换成文本”对话框中，设置“文字分隔符”为“逗号”，如图 1-41 所示。

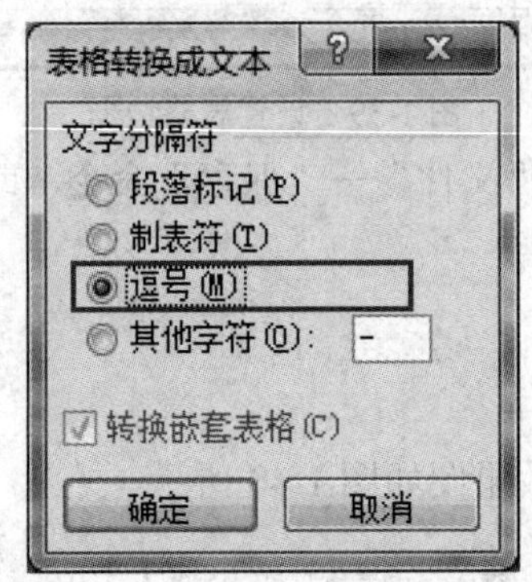

图 1-41　设置“表格转换成文本”对话框

2. 将光标定位于文档末尾，单击“插入”选项卡中的“表格”按钮，“插入表格”选项，在弹出的“插入表格”对话框中设置表格列数为 4，行数为 3，如图 1-42 所示。单击“确定”按钮，完成插入表格操作。

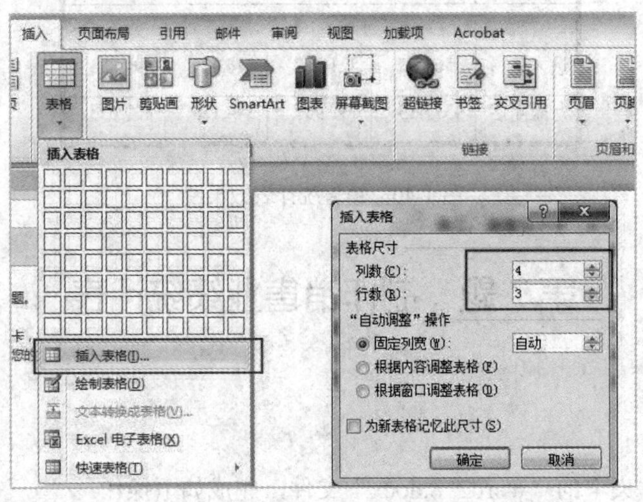

图 1-42　插入表格

3. 将光标移动到新插入表格的第二行第二列所在的单元格，单击鼠标右键，再单击弹出菜单中“拆分单元格”选项，在弹出的“拆分单元格”对话框中设置列数为“2”，行数为“2”，如图 1-43 所示。最后单击“确定”按钮，完成操作。

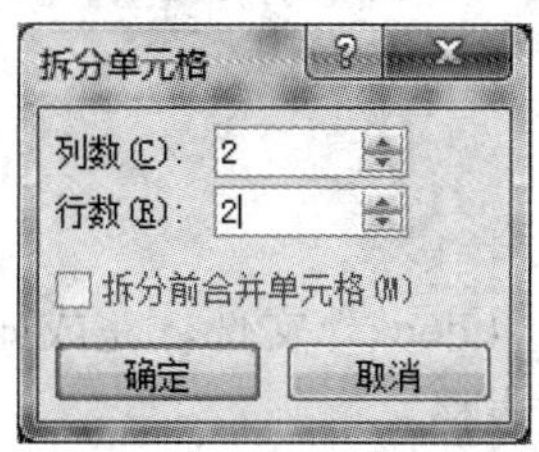

图 1-43　拆分单元格

4. 选中表格的第一行，单击“开始”选项中“段落”功能区的“边框与底纹”按钮，在下拉列表中单击“边框与底纹”选项，并在弹出的“边框与底纹”对话框中设置底纹为“白色 背景 1，深色 25%”，最后单击“确定”按钮，完成操作如图 1-44 所示。

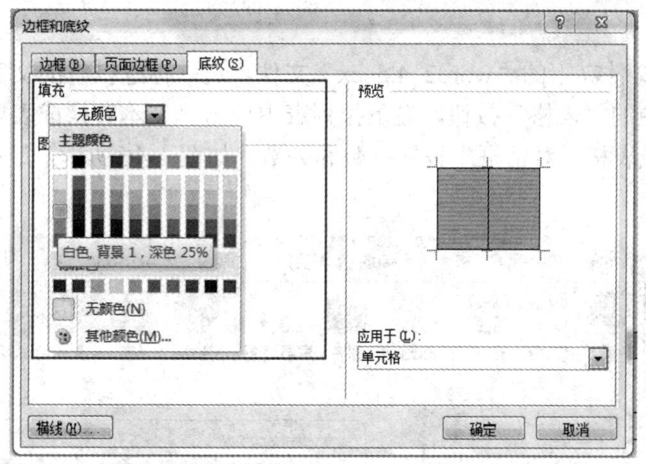

图 1-44　设置第一行的底纹

5. 完成以上操作后，选择“文件”→“保存”命令，或者按 Ctrl + S 组合键，保存当前文档。

三、效果图

制作好的销售业绩统计表效果图为图 1-45 所示。

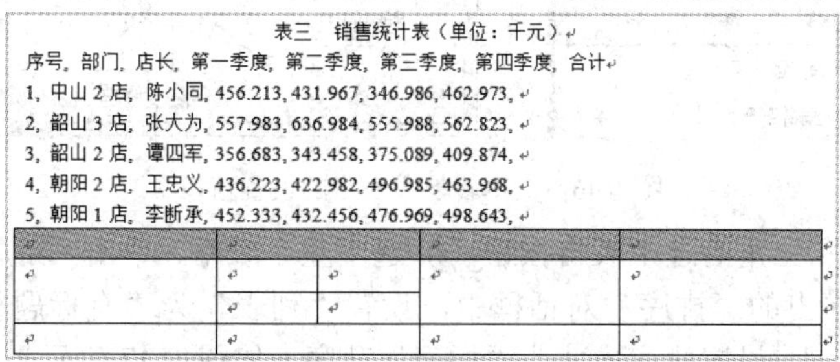

表三　销售统计表（单位：千元）

序号，部门，店长，第一季度，第二季度，第三季度，第四季度，合计

1，中山 2 店，陈小同，456.213，431.967，346.986，462.973，

2，韶山 3 店，张大为，557.983，636.984，555.988，562.823，

3，韶山 2 店，谭四军，356.683，343.458，375.089，409.874，

4，朝阳 2 店，王忠义，436.223，422.982，496.985，463.968，

5，朝阳 1 店，李断承，452.333，432.456，476.969，498.643，

图 1-45　销售业绩统计表效果图

第 8 题　设计部门销售统计表

一、操作要求

打开考生文件夹下的“word2_4.docx”文件，完成如下作业：

(1) 将标题以下的内容转换成表格。

(2) 把表中“部门”一列按拼音升序排序。

(3) 表格自动套用“浅色底纹-强调文字颜色 1”样式。

完成以上操作后，以原文件名保存到考生文件夹下。

二、操作步骤

1. 打开考生文件夹下的“word2_4.docx”文件，选中标题以下的文字内容，然后单击“插入”选项卡中的“表格”按钮，在下拉列表中单击“文本转换成表格”选项，在弹出的“将文本转换成表格”对话框中设置行数和列数，如图 1-46 所示，最后点击“确定”按钮，完成操作。

图 1-46　文本转换成表格的设置窗口

2. 单击表格左上角的选中表格按钮，选中整个表格，单击“布局”选项中的“排序”按钮，在弹出的“排序”对话框中，设置“列表”为“有标题行”，设置“主要关键字”为“部门”，设置排序方式为“拼音”升序，如图 1-47 所示，然后单击“确定”按钮。

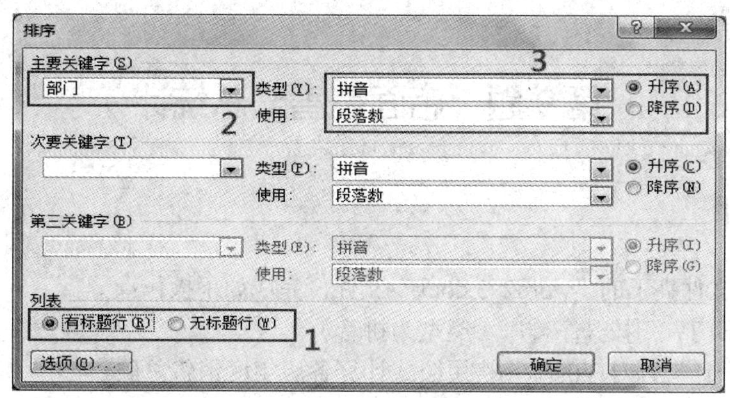

图 1-47 设置排序的字段及排序方式

3. 单击表格左上角的选中表格按钮，选中整个表格，单击“设计”选项卡的“表格样式”功能区中的“浅色底纹-强调文字颜色 1”样式，如图 1-48 所示。

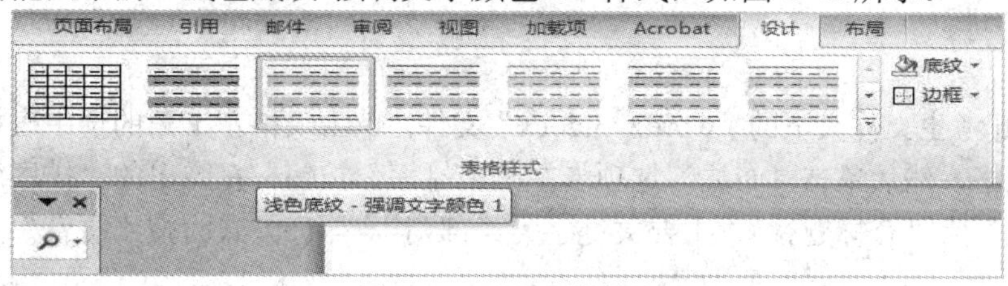

图 1-48 设置表格样式

4. 完成以上操作后，选择“文件”→“保存”命令，或者按 Ctrl+S 组合键，保存当前文档。

三、效果图

设计好的销售统计表最终效果图为图 1-49 所示。

表四 销售统计表（单位：千元）

序号	部门	店长	第一季度	第二季度	第三季度	第四季度	合计
5	朝阳 1 店	李继承	852.321	332.456	476.969	498.643	2160.389
13	朝阳 2 店	李承	452.333	432.456	376.969	498.643	1760.401
4	朝阳 3 店	王忠	436.223	422.982	496.985	463.968	1820.158
14	朝阳 4 店	王忠义	436.223	422.982	496.985	463.968	1820.158
9	朝阳 5 店	常江	659.288	591.587	569.984	661.673	2482.532
15	朝阳 6 店	常小江	656.219	591.884	548.484	661.673	2458.26
12	朝阳 7 店	杨向阳	657.413	441.967	344.189	409.673	1853.242
16	朝阳 8 店	向阳	457.413	441.967	364.789	409.673	1673.842
10	韶山 1 店	成城	750.216	771.787	645.683	672.879	2840.565
17	韶山 2 店	陈成	756.219	671.587	648.983	672.879	2749.668
3	韶山 3 店	谭四军	356.683	343.458	375.089	409.874	1485.104
18	韶山 4 店	谭四平	356.683	343.458	375.089	409.874	1485.104
2	韶山 5 店	张大为	657.983	635.984	567.988	567.823	2429.778
19	韶山 6 店	张大光	556.983	736.984	455.988	662.823	2412.778
11	远大 1 店	刘得志	456.253	523.977	447.729	499.883	1927.842
20	远大 2 店	刘志	553.253	566.988	546.925	499.883	2167.049
7	远大 3 店	钱旺财	451.463	437.947	444.689	499.423	1833.522
6	远大 5 店	赵发根	429.265	453.237	489.789	464.991	1837.282
8	中山 1 店	黄河	859.283	837.997	746.959	762.855	3207.094
1	中山 3 店	陈小同	456.213	431.967	346.986	462.973	1698.139

图 1-49 销售统计表效果图

第 9 题　店面销售汇总统计

一、操作要求

打开考生文件夹下的“word2_3.docx”文件，完成如下操作：

(1) 将“部门”列按升序排序，类型为拼音。

(2) 在“合计”列对应的单元格用公式计算各店年度销售总额。

(3) 设置表格首行高度为固定值 2 厘米。

完成以上操作后，以原文件名保存到考生文件夹中。

二、操作步骤

1. 打开考生文件夹下的“word2_3.docx”文件，单击表格左上角的选中表格按钮 ，选中整个表格，然后单击“布局”选项卡中的“排序”按钮，在弹出的“排序”对话框中设置“列表”为“有标题行”，主要关键字为“部门”，排序方式为按“拼音”升序，如图 1-50 所示。

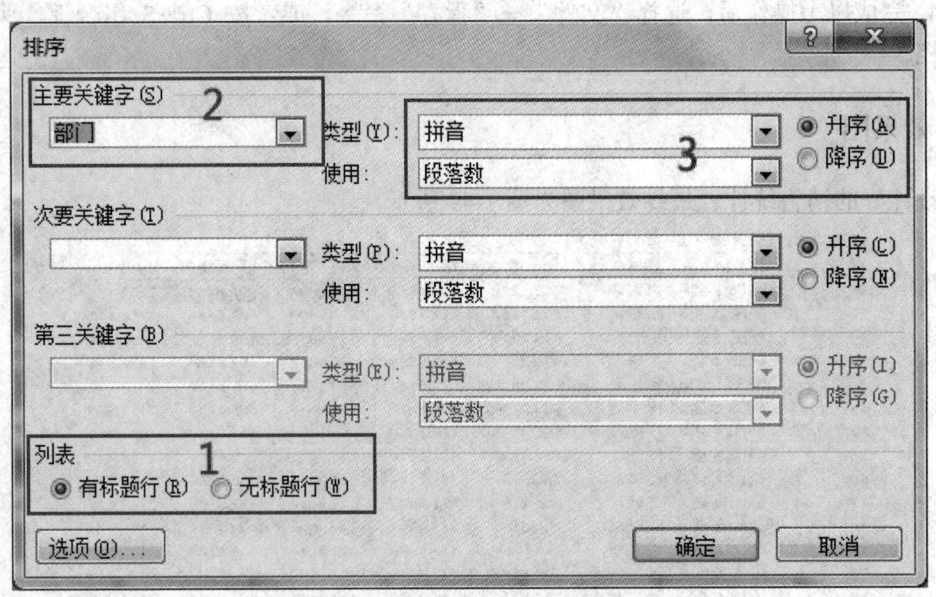

图 1-50　设置排序关键字及排序方式

2. 将光标定位在合计单元格，然后单击“布局”选项卡中的公式按钮 f_x 公式，在弹出的“公式”对话框中输入公式：=SUM(LEFT)，最后单击“确定”按钮，如图 1-51 所示。

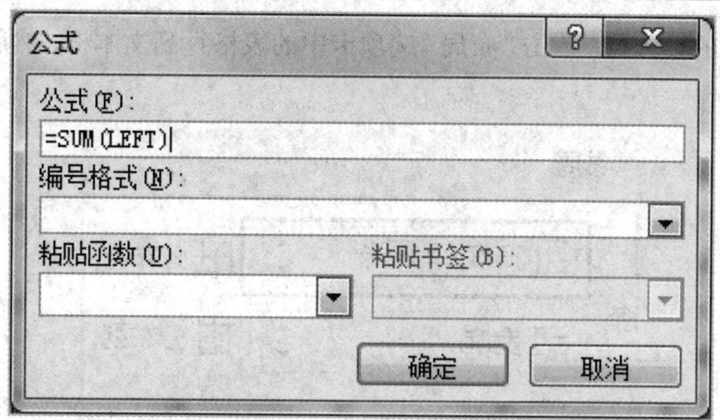

图 1-51　编辑表格公式

3. 将光标移动到合计单元格的左下角，当光标变成向右上角的实心小箭头时单击鼠标左键，选择整个单元格，按 Ctrl + C 组合键复制此单元格，然后在该列的其他单元格进行粘贴，如图 1-52 所示。待全部粘贴完毕之后，按 Ctrl + A 组合键全选本文档，然后按 F9 键刷新域，即可更新每个单元格的合计值。

表三　销售统计表（单位：千元）

序号	部门	店长	第一季度	第二季度	第三季度	第四季度	合计
5	朝阳 1 店	李断承	452.333	432.456	476.969	498.643	1860.401
4	朝阳 2 店	王忠义	436.223	422.982	496.985	463.968	1860.401
9	朝阳 3 店	常江	656.219	591.887	549.984	661.673	1860.401
12	朝阳 4 店	杨向阳	457.413	441.967	344.189	409.673	1860.401
10	韶山 1 店	成城	756.216	671.787	645.983	672.879	1860.401
3	韶山 2 店	谭四军	356.683	343.458	375.089	409.874	1860.401
2	韶山 3 店	张大为	557.983	636.984	555.988	562.823	1860.401
11	远大 1 店	刘得志	556.253	523.988	446.929	499.883	1860.401
7	远大 2 店	钱旺财	451.463	437.447	444.689	499.423	1860.401
6	远大 3 店	赵发根	469.265	453.237	489.789	464.861	1860.401
8	中山 1 店	黄河	856.283	737.997	746.959	762.855	

图 1-52　复制单元格公式

4. 选中表格的第一行，单击“布局”选项卡中的表格行高文本框，然后输入“2 厘米”，如图 1-53 所示。

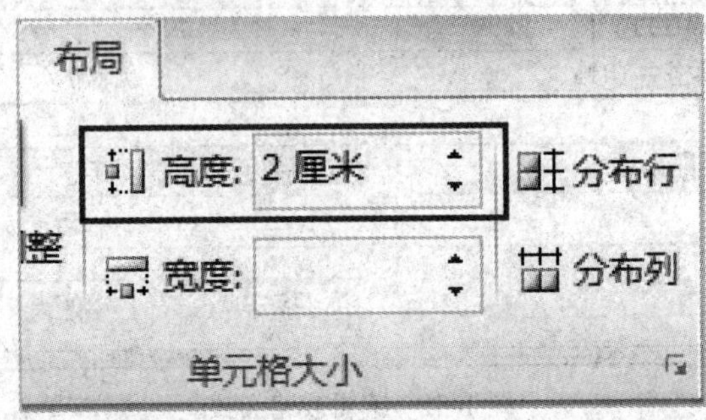

图 1-53 设置表格行高

【设置行高的另一种方法】选中第一行，单击鼠标右键，选择弹出菜单中“表格属性”选项，在弹出的“表格属性”对话框中单击“行”选项卡，然后设定行高为固定值“2 厘米”，单击“确定”按钮，如图 1-54 所示。

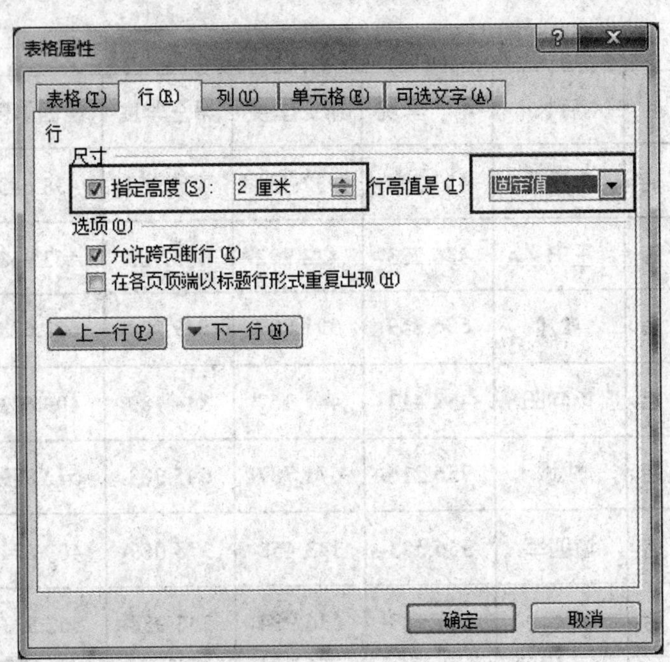

图 1-54 设置表格行高的另一种方法

5. 完成以上操作后，选择“文件”→“保存”命令，或者按 Ctrl + S 组合键，保存当前文档。

三、效果图

制作好的销售统计表最终效果图为图 1-55 所示。

表三 销售统计表（单位：千元）

序号	部门	店长	第一季度	第二季度	第三季度	第四季度	合计
5	朝阳 1 店	李断承	452.333	432.456	476.969	498.643	1860.401
4	朝阳 2 店	王忠义	436.223	422.982	496.985	463.968	1820.158
9	朝阳 3 店	常江	656.219	591.887	549.984	661.673	2459.763
12	朝阳 4 店	杨向阳	457.413	441.967	344.189	409.673	1653.242
10	韶山 1 店	成城	756.216	671.787	645.983	672.879	2746.865
3	韶山 2 店	谭四军	356.683	343.458	375.089	409.874	1485.104
2	韶山 3 店	张大为	557.983	636.984	555.988	562.823	2313.778
11	远大 1 店	刘得志	556.253	523.988	446.929	499.883	2027.053
7	远大 2 店	钱旺财	451.463	437.447	444.689	499.423	1833.022
6	远大 3 店	赵发根	469.265	453.237	489.789	464.861	1877.152
8	中山 1 店	黄河	856.283	737.997	746.959	762.855	3104.094
1	中山 2 店	陈小同	456.213	431.967	346.986	462.973	1698.139

图 1-55 销售统计表效果图

第 10 题 自动套用表格格式

一、操作要求

打开考生文件夹，完成如下操作：

(1) 新建一个 4 行 6 列的表格。

(2) 将表格的行高设为固定值 2 厘米，第一列的列宽设为 1.5 厘米。

(3) 在表格的第一行第一列中绘制斜线表头。

(4) 表格自动套用“中等深浅网格 1-强调文字颜色 1”样式。

完成以上操作后，以原文件名保存到考生文件夹中。

二、操作步骤

1. 在考生文件夹下单击鼠标右键，单击弹出菜单中“新建”命令下的“Microsoft Word 文档”选项，新建文档，然后将文档命名为“word2_6.docx”。

2. 打开刚新建的 Word 文档，单击“插入”选项卡中的“表格”按钮，在下拉列表中单击“插入表格”选项，在弹出的“插入表格”对话框中设置表格列数为“6”，行数为“4”，然后点击“确定”按钮，如图 1-56 所示。

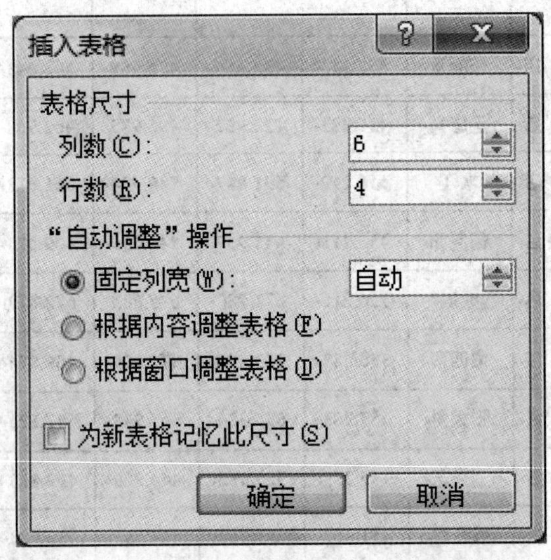

图 1-56 插入表格

3. 单击表格左上角的选择表格按钮，选择整个表格，然后单击“布局”选项卡中的表格行高文本框，输入行高“2 厘米”，如图 1-57 所示。

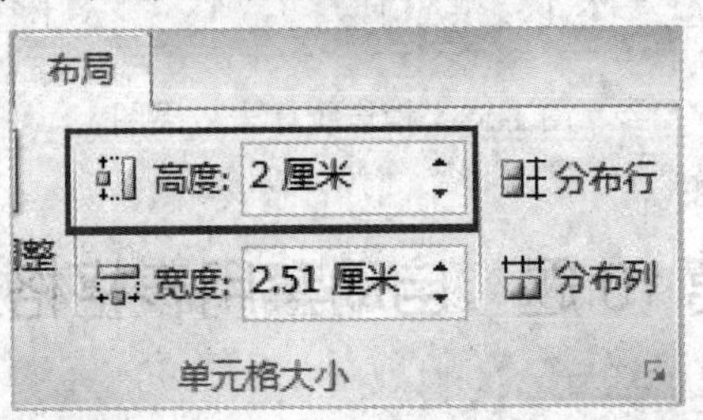

图 1-57 设置表格的行高

4. 选中表格的第一列，然后在“布局”选项卡中的表格列宽文本框中输入“1.5 厘米”，如图 1-58 所示。

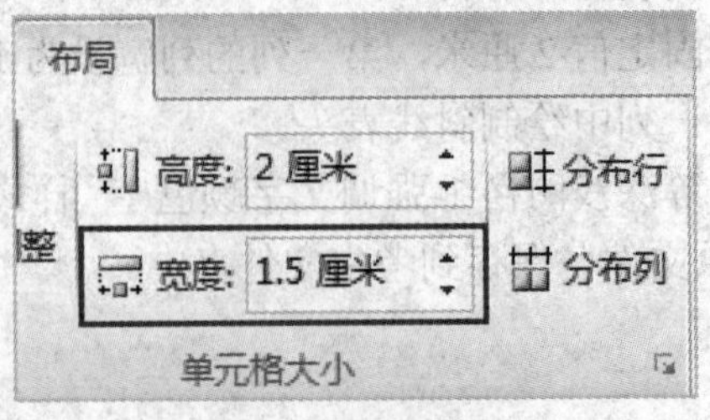

图 1-58 设置表格的列宽

5. 选中表格中第一行第一列的单元格，然后单击“开始”选项中“段落”功能区中的“边框与底纹”按钮，在下拉列表中单击“斜下框线”选项，如图 1-59 所示。

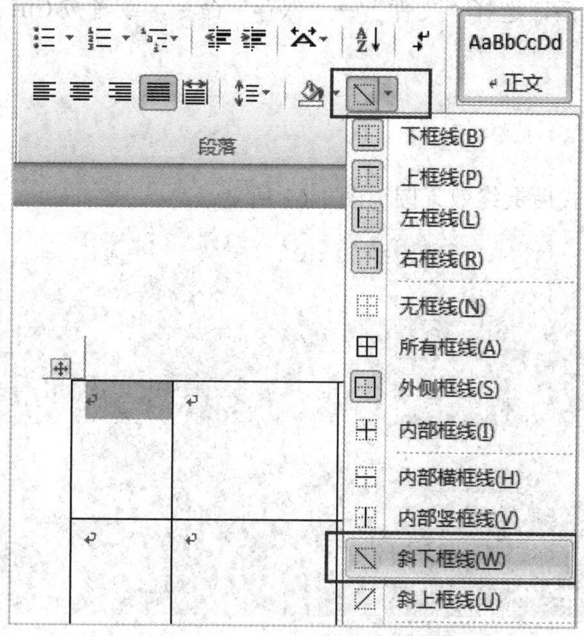

图 1-59　设置“斜下框线”

6. 单击表格左上角的选择表格按钮，选择整个表格，然后单击“设计”选项中的表格样式区域的其他样式按钮，在下拉列表中单击“中等深浅网格 1-强调文字颜色 1”样式，如图 1-60 所示。

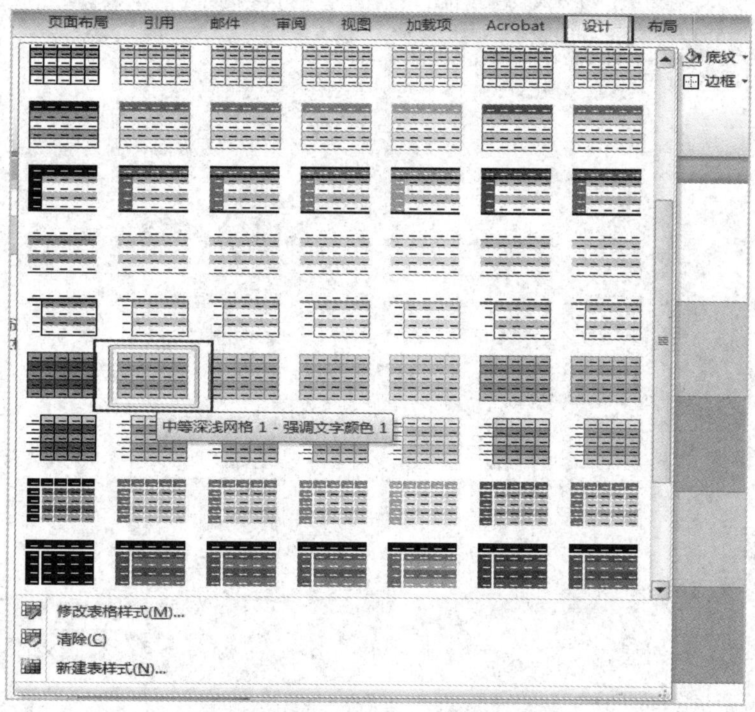

图 1-60　套用表格样式

7. 完成以上操作后，选择“文件”→“保存”命令，或者按 Ctrl + S 组合键，保存当前文档。

三、效果图

表格套用表格格式后最终效果图为图 1-61 所示。

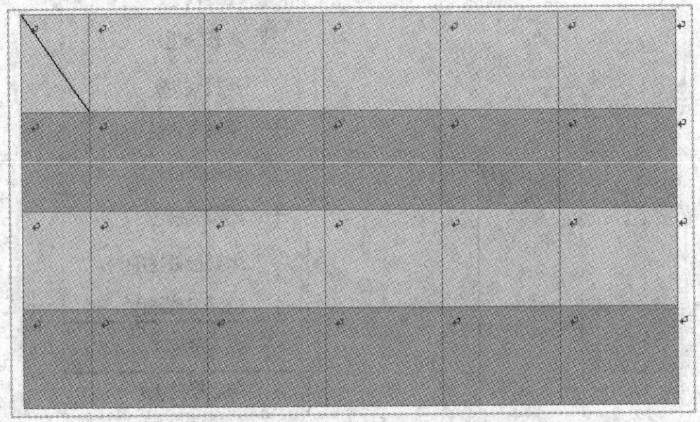

图 1-61　表格套用表格格式后效果图

第三单元　图 文 混 排

第 11 题　编排岳阳楼简介

一、操作要求

打开考生文件夹下的"word3_4.docx"文件，并参照考生文件夹下的样文“word3_4 样文.jpg”，完成如下操作：

(1) 将全文左右各缩进两个字符。

(2) 在正文右边插入一个竖排文本框，输入“先天下之忧而忧”，再在正文左边插入一个竖排文本框，输入“后天下之乐而乐”，并将两个文本框设为黑体、一号字、阴影样式 4、形状轮廓为“无轮廓”，如样文所示。

(3) 插入考生文件夹下的图片“w_yyl.jpg”到样文所示位置，图片环绕格式设置为“紧密型”、旋转 30 度。

完成以上操作后，以原文件名保存到考生文件夹下。

二、操作步骤

1. 打开考生文件夹下的"word3_4.docx"文件，按 Ctrl+A 组合键全选文档内容，单击“开始”选项卡中“段落”功能区右下角的段落设置按钮，在弹出的“段落”对话框中设置左、右各缩进两个字符，如图 1-62 所示。

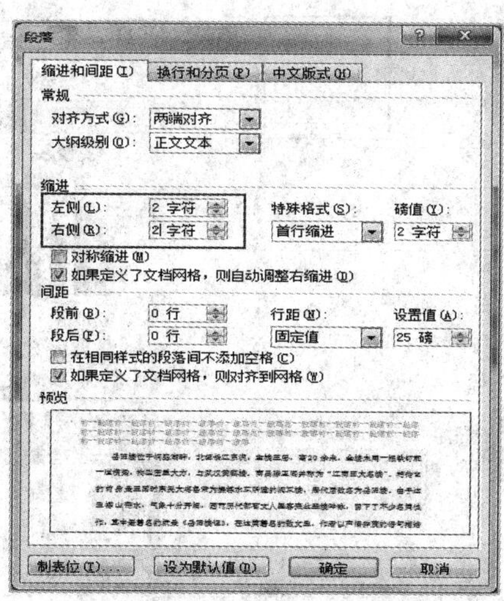

图 1-62　设置左右各缩进两个字符

2. 单击“插入”选项卡中的“文本框”按钮，在下拉列表中单击“绘制竖排文本框”选项，然后在文本的右边绘制一个竖排文本框，并录入文字“先天下之忧而忧”，再以相同的方法在文章的左侧添加一个竖排文本框并录入文字“后天下之乐而乐”，如图 1-63 所示。

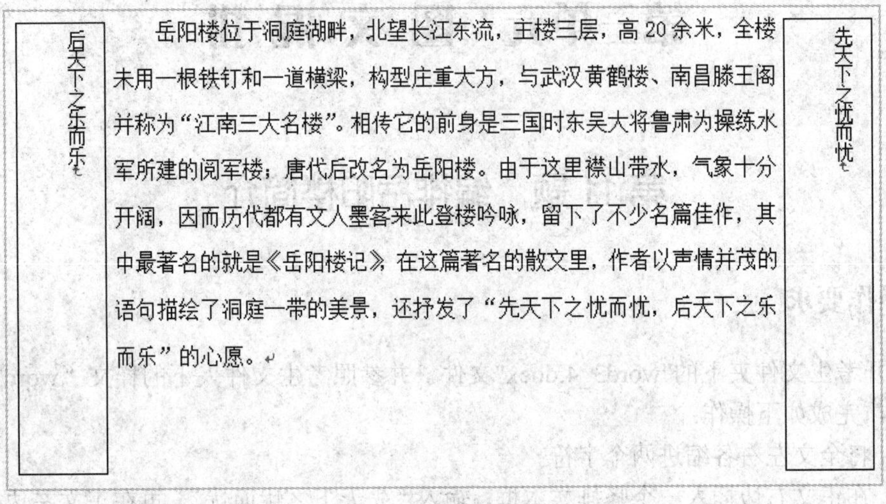

后天下之乐而乐
岳阳楼位于洞庭湖畔，北望长江东流，主楼三层，高 20 余米，全楼未用一根铁钉和一道横梁，构型庄重大方，与武汉黄鹤楼、南昌滕王阁并称为“江南三大名楼”。相传它的前身是三国时东吴大将鲁肃为操练水军所建的阅军楼；唐代后改名为岳阳楼。由于这里襟山带水，气象十分开阔，因而历代都有文人墨客来此登楼吟咏，留下了不少名篇佳作，其中最著名的就是《岳阳楼记》，在这篇著名的散文里，作者以声情并茂的语句描绘了洞庭一带的美景，还抒发了“先天下之忧而忧，后天下之乐而乐”的心愿。
先天下之忧而忧

图 1-63　添加文本框

3. 选中左边的文本框，按住 shift 键，再单击右边文本框。单击“开始”选项卡中“字体”下拉列表，设置字体为“黑体”，然后单击“字号”下拉列表，设置字号为“一号”。单击“格式”选项卡中的“阴影效果”按钮，在下拉列表中单击“阴影样式 4”选项；单击“形状轮廓”按钮，在下拉列表中单击“无轮廓”选项，如图 1-64 所示。

格式
阴影效果
三维效果
无阴影效果
设置阴影样式
投影
阴影样式
透视阴影
其他阴影样式
设置形状轮廓
Acrobat
格式
形状填充
形状轮廓
主题颜色
标准色
无轮廓(N)
其他轮廓颜色(M)...
无轮廓
粗细(W)
虚线(S)
箭头(R)
图案(A)...

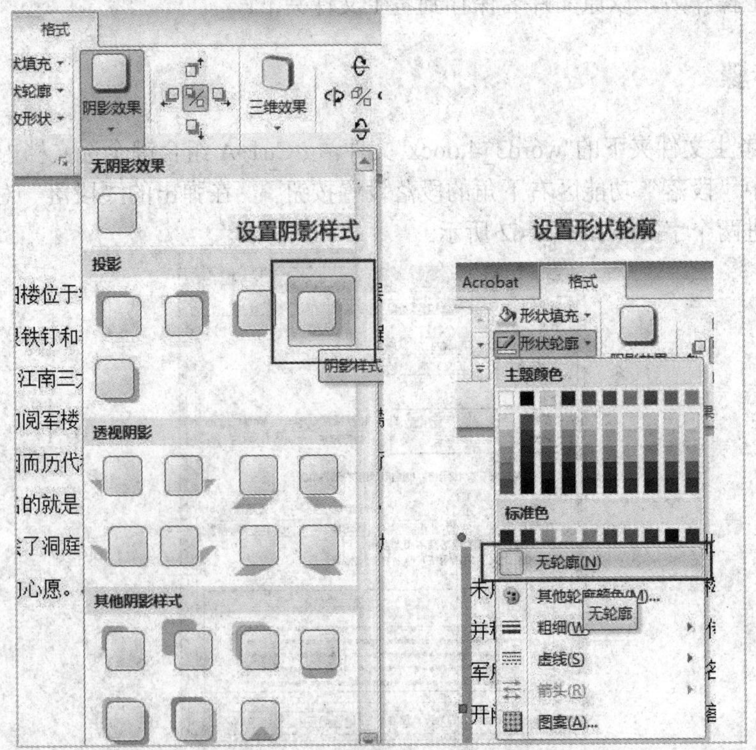

图 1-64　设置阴影样式和形状轮廓

4. 单击“插入”选项卡中的“图片”按钮，在弹出的对话框中选择考生文件夹下的图片“w_yyl.jpg”。双击图片，插入该图片，然后单击“自动换行”按钮，在下拉列表中选择“紧密型环绕”选项，如图 1-65 所示。

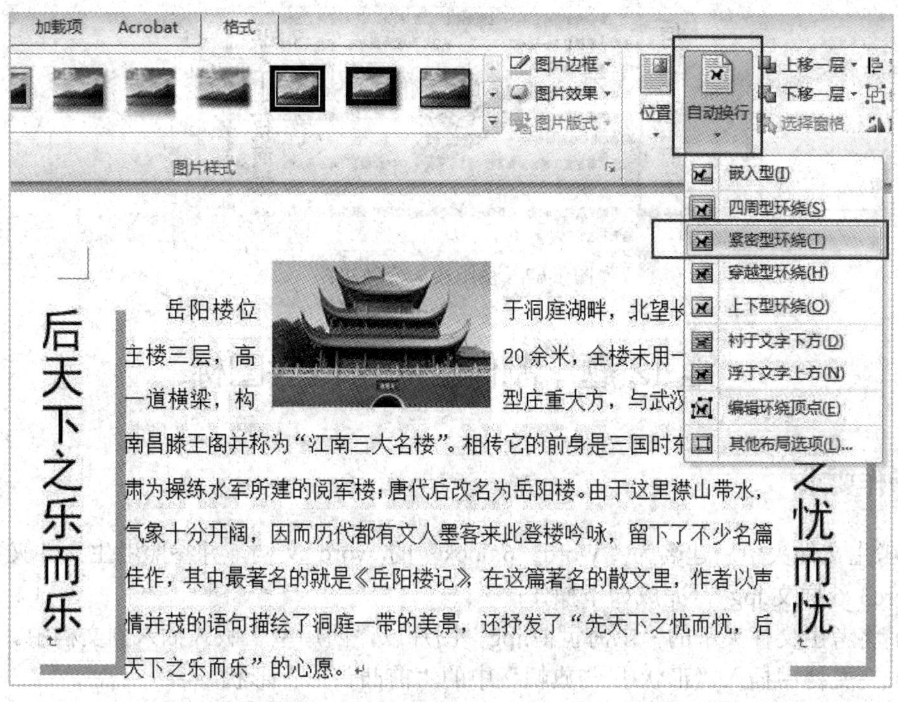

图 1-65　设置图片环绕方式

5. 选中图片，单击“格式”选项中的旋转按钮 旋转，在下拉列表中单击“其他旋转选项”，然后在弹出的“布局”对话框中设置旋转 30°，如图 1-66 所示。

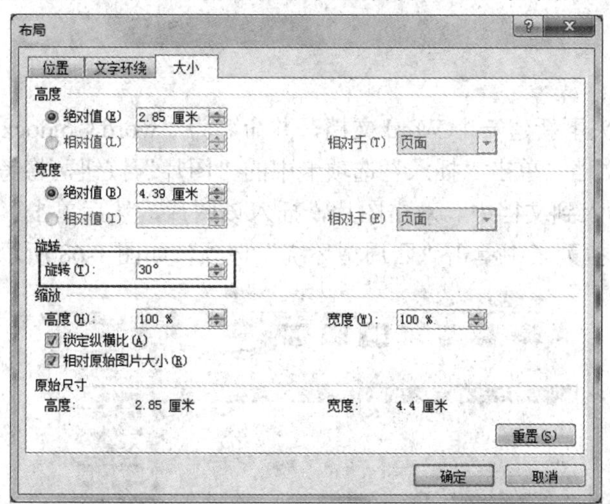

图 1-66　设置旋转角度

6. 移动图片的位置到样图所示的文章中间位置。

7. 完成以上操作后，选择“文件”→“保存”命令，或者按 Ctrl + S 组合键，保存当前文档。

三、效果图

编排好的岳阳楼简介效果如图 1-67 所示。

图 1-67　岳阳楼简介效果图

第 12 题　制作上海世博会图标

一、操作要求

在考生文件夹中新建名为“Word3_6.docx”的 word 文档，并参照考生文件夹下的样文“word3_6 样文.jpg”，完成如下操作：

(1) 将考生文件夹下的“上海世博.jpg”图片以“四周型”版式插入到文档中。

(2) 在文档中插入“形状/星与旗帜”中的“前凸带形”形状。

(3) 在步骤(2)插入的图形中添加“2010 中国上海”字样，要求文字格式为隶书、三号。

(4) 对插入图形设置阴影样式为“右下斜偏移”。

完成以上操作，以原文件名保存到考生文件夹下。

二、操作步骤

1. 在考生文件夹下新建一个 Word 文档，并命名为“word3_6.docx”。

2. 打开 Word 文档，单击“插入”选项卡中的“图片”按钮，将考生文件夹下的“上海世博.jpg”图片插入到文档中。双击图片，插入该图片，然后单击“格式”选项卡中的“自动换行”，在下拉列表中单击“四周型环绕”选项，如图 1-68 所示。

图 1-68　设置图片的环绕方式

3. 单击“插入”选项卡中的“形状”按钮，在下拉列表中单击“星与旗帜”中的“前凸带形”选项，(如图 1-69 所示)，并在文档空白处绘制此形状。

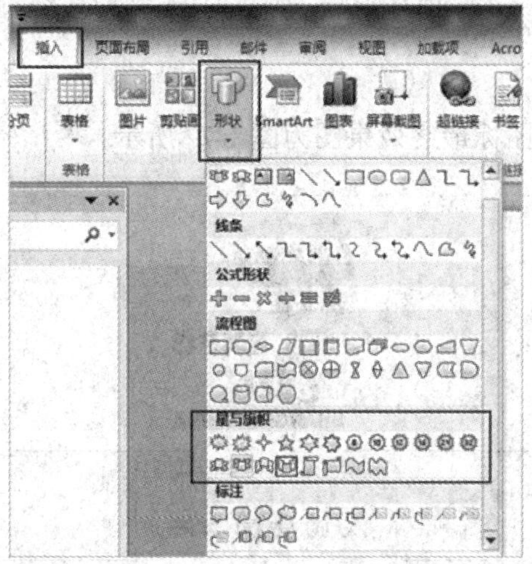

图 1-69　插入形状

4. 在刚插入的形状上鼠标右击，在弹出的菜单中单击“编辑文字”选项，添加“2010 中国上海”字样，并设置字体为隶书，字号为三号，如图 1-70 所示。

图 1-70　为形状图形添加文字

5. 选中刚插入的形状，然后单击“格式”选项卡中的“形状效果”按钮，在下拉列表中单击“阴影”选项，在弹出的菜单中单击“右下斜偏移”选项，如图 1-71 所示。

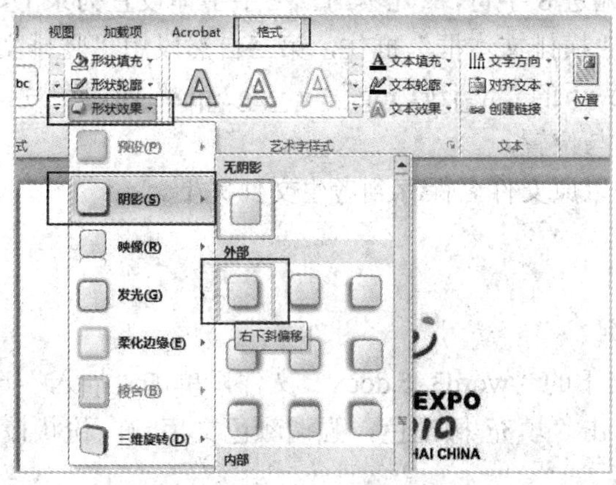

图 1-71　设置图形的阴影样式

6. 完成以上操作后，选择“文件”→“保存”命令，或者按 Ctrl + S 组合键，保存当前文档。

三、效果图

制作好的上海世博会图标最终效果图为图 1-72 所示。

图 1-72 上海世博会图标效果图

第 13 题 制作迷人的九寨宣传报

一、操作要求

打开考生文件夹下的“word3_5.docx”文件，并参照考生文件夹下的样文“word3_5 样文.jpg”，完成如下操作：

(1) 插入艺术字标题“迷人的九寨”，具体要求是：式样为填充-橄榄色，强调颜色文字 3，粉状棱台；字体字号为黑体、36 号；文字环绕为四周型；文字方向为垂直。

(2) 第一自然段左缩进 8 字符，“九寨沟”三字字体设置为隶书、三号。

(3) 第二自然段用“横排文本框”框住，第三自然段用“竖排文本框”框住。

(4) 插入考生文件夹下的“w_jzg1.jpg”“w_jzg2.jpg”两张图片，文字环绕设置为四周型，并按样文调整大小与位置。

完成以上操作后，以原文件名保存到考生文件夹下。

二、操作步骤

1. 打开考生文件夹下的“word3_5.docx”文件，单击“插入”选项卡中的“艺术字”按钮，在下拉列表中单击“填充-橄榄色，强调颜色文字 3，粉状棱台”样式，如图 1-73 所示。

图 1-73 插入艺术字

2. 输入文字“迷人的九寨”，设置字体为：黑体、36 号。单击“格式”选项卡中的“自动换行”按钮，在下拉列表中单击“四周型环绕”选项。再单击“格式”选项卡中的“文字方向”按钮，在下拉列表中单击“垂直”选项，如图 1-74 所示。

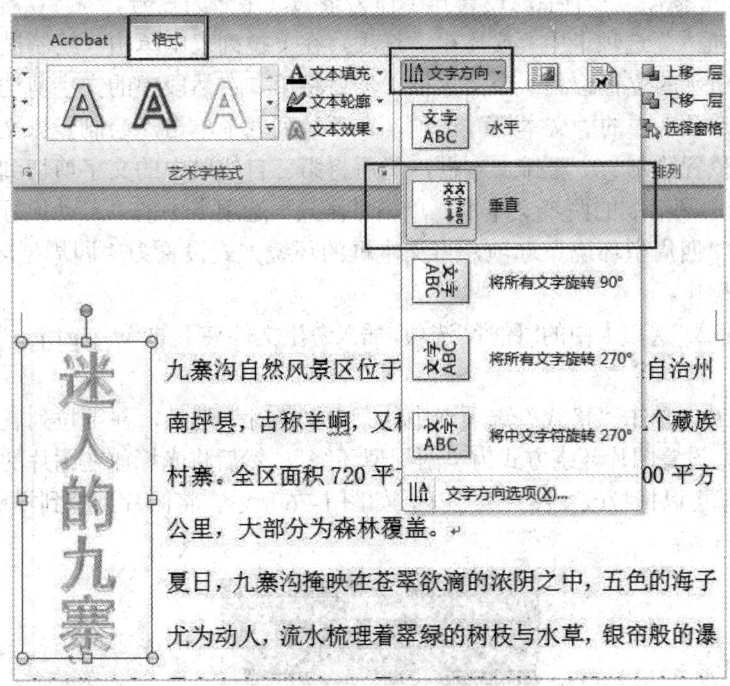

图 1-74 设置文字方向为“垂直”

3. 将光标定位于第一自然段，然后单击“开始”功能区的段落设置按钮，在弹出的“段落”设置对话框中设置左缩进 8 字符，如图 1-75 所示。最后单击“确定”按钮。

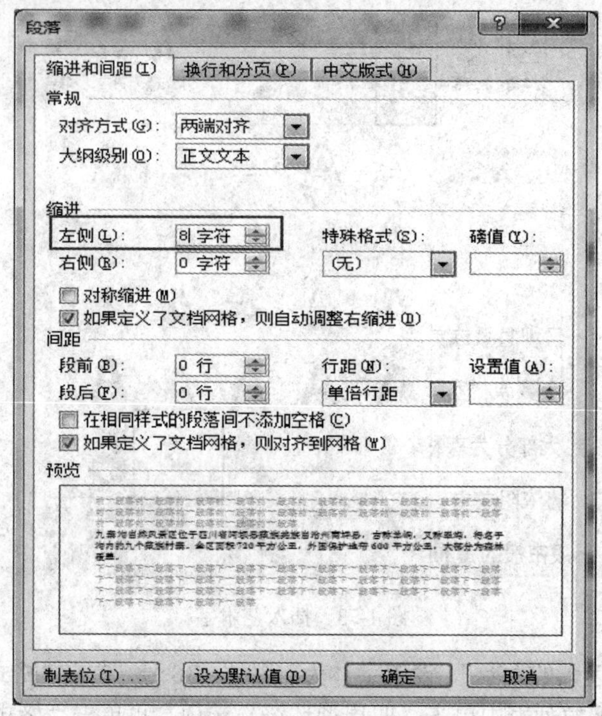

图 1-75　设置左缩进 8 字符

4. 选中“九寨沟”三个字，设置其字体为隶书，字号为三号。

5. 单击“插入”选项卡中“文本框”选项，在下拉列表中单击“绘制横排文本框”选项，在样文中所示的位置绘制一个文本框，然后将第二自然段中的文字剪切到文本框中。单击“插入”选项卡中的“文本框”选项，在下拉列表中单击“绘制竖排文本框”选项，在样文所示的位置绘制一个竖排文本框，然后将第三自然段中的文字剪切到的文本框中。

6. 依次选中刚绘制的两个文本框，单击“格式”选项卡中的“自动换行”选项，在下拉列表中单击“四周型环绕”选项，将文本框的环绕方式设置为“四周型环绕”，便于后续的图文混排操作。

7. 单击“插入”选项卡中的“图片”选项，插入考生文件夹下的“w_jzg1.jpg”“w_jzg2.jpg”两张图片。

8. 选中图片，单击“格式”选项卡中的“自动换行”选项，在下拉列表中单击“四周型环绕”选项，设置图片环绕方式为“四周型环绕”。然后将光标放在图片的右下角，呈现双向箭头时，就可以拖拉改变图片大小了，如图 1-76 所示，将图片调整到样文所示的大小。

图 1-76　调整图片的大小

9. 选中两个图片，拖动图片到样文所示的位置。

10. 完成以上操作后，选择“文件”→“保存”命令，或者按 Ctrl + S 组合键，保存当前文档。

三、效果图

制作好的迷人的九寨宣传报如图 1-77 所示。

图 1-77　迷人的九寨效果图

第 14 题　编排岳麓山景区介绍

一、　操作要求

打开考生文件夹下的“word3_2.docx”文件，并参照考生文件夹下的样文“word3_2 样文.jpg”，完成如下操作：

(1) 将考生文件夹下的图片“w_yls.jpg”插入到样文所示的位置，并将其环绕方式设为四周型，大小设为高度 5 厘米，锁定纵横比。

(2) 在样文所示的位置插入“形状/星与旗帜”中的“双波形”图形。

(3) 在步骤(2)插入图形中添加文字“岳麓山景区”。

完成以上操作后，以原文件名保存到考生文件夹中。

二、操作步骤

1. 打开考生文件夹下的“word3_2.docx”文件，单击“插入”选项卡中的“图片”按钮，将考生文件夹下的图片“w_yls.jpg”插入文档中。

2. 选中图片，单击“格式”选项卡中的“自动换行”按钮，在下拉列表中选择“四周型环绕”方式，如图 1-78 所示。

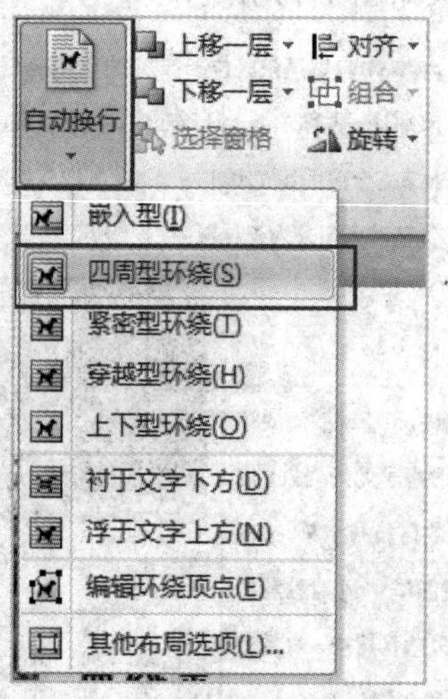

图 1-78 设置图片环绕方式

3. 选中图片，单击鼠标右键，在弹出的菜单中选择“大小和位置”选项，在弹出的布局对话框中勾选“锁定纵横比”，然后设置高度为 5 厘米，如图 1-79 所示，最后单击“确定”按钮。

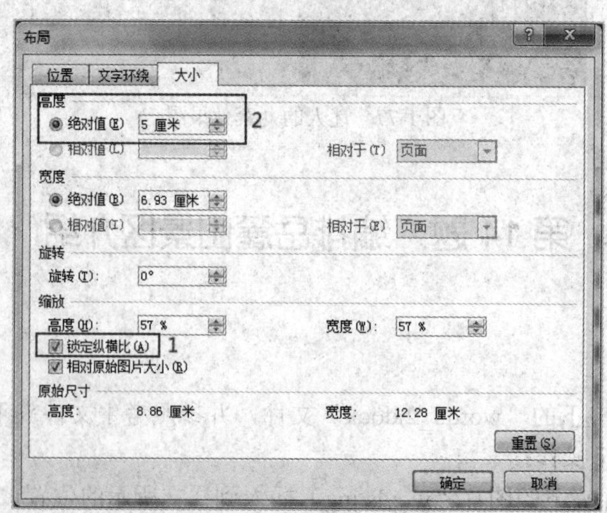

图 1-79 设置图片的大小

4. 选中图片，拖动图片到样文所在的位置。

5. 将光标定位于文档的尾部，单击“插入”选项卡中的“形状”按钮，再在下拉列表中选择“星与旗帜”选项，在下拉列表中选择“双波形”形状，然后参照样文的大小在文档中绘制一个“双波形”形状，如图 1-80 所示。

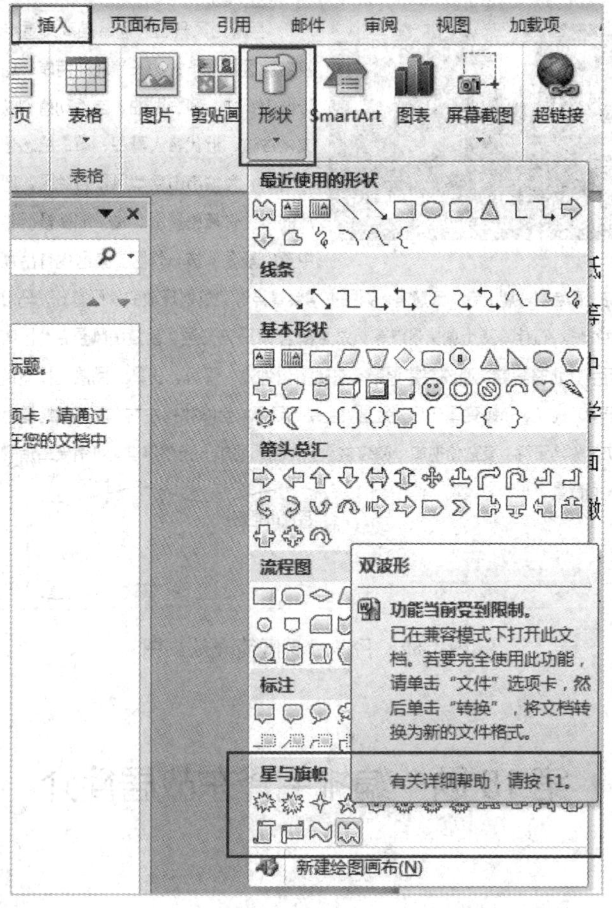

图 1-80　添加“双波形”形状

6. 选中形状，单击鼠标右键，在弹出的菜单中单击“添加文字”选项，然后输入文字“岳麓山景区”，如图 1-81 所示。

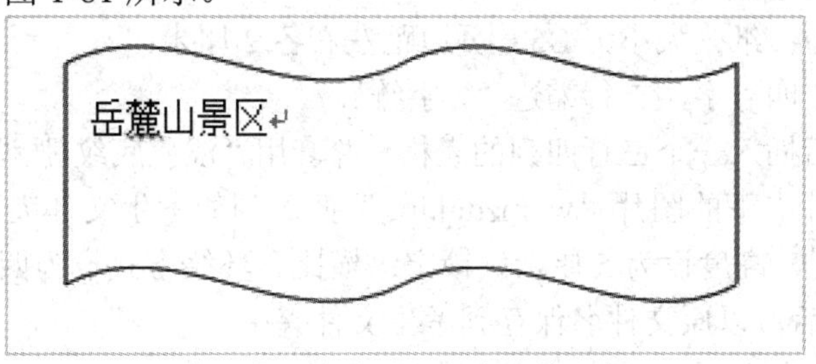

图 1-81　在自选图形中添加文字

7. 完成以上操作后，选择“文件”→“保存”命令，或者按 Ctrl + S 组合键，保存当前文档。

三、效果图

编排好的岳麓山景区简介效果图为图 1-82 所示。

湖南岳麓山名盛风景区

岳麓山风景名胜区系国家级重点风景名胜区。位于古城长沙湘江两岸，由丘陵低山、江、河、湖泊、自然动植物以及文化古迹、近代名人墓葬、革命纪念遗址等组成，为城市山岳型风景名胜区。已开放的景区有麓山景区、橘子洲头景区。其中麓山景区系核心景区，景区内有岳麓书院、爱晚亭、麓山寺、云麓宫、新民主学会景点等。规划开放的景区有：天马山、桃花岭、石佳岭及土城头景点等，总面积达 36 平方公里。岳麓山风景名胜区南接衡岳，北望洞庭，西临茫茫原野，东瞰滔滔湘流，玉屏、天马、凤凰、橘洲横秀于前，桃花、绿蛾竟翠与后，金盆、金牛、云母、圭峰拱持左右，静如龙蛇逶迤，动如骏马奋蹄，凌空俯视如一微缩盆景，测视远观如一天然屏壁。可谓天工造物，人间奇景，长沙之大观。

岳麓山景区

图 1-82　岳麓山景区简介效果图

第 15 题　编排毛泽东故居简介

一、操作要求

打开考生文件夹下的“word3_3.docx”文件，并参照考生文件夹下的样文“word3_3 样文.jpg”，完成如下操作：

(1) 页面设置为：纸张大小为 B5、页边距左右各 2 厘米。

(2) 全文宋体、四号字，首行缩进“2 字符”。

(3) 在文档最后插入一个三行四列的表格，并套用“浅色底纹-强调文字颜色 1”样式。

(4) 将考生文件夹下的图片“w_mzdgj.jpg”插入到如考生文件夹下的样文“word3_3 样文.jpg”所示位置，高度设为 5 厘米、锁定纵横比、环绕方式设为四周型。

完成以上操作后，以原文件名保存到考生文件夹中。

二、操作步骤

1. 打开考生文件夹下的“word3_3.docx”文件，单击“页面布局”选项卡中的“纸张大小”按钮，设置纸张大小为 B5。然后单击“页面布局”选项卡中的“页边距”按钮，在下拉列表中单击“自定义边距”选项，在弹出的“页面设置”对话框设置左右边距各为“2 厘米”，如图 1-83 所示。

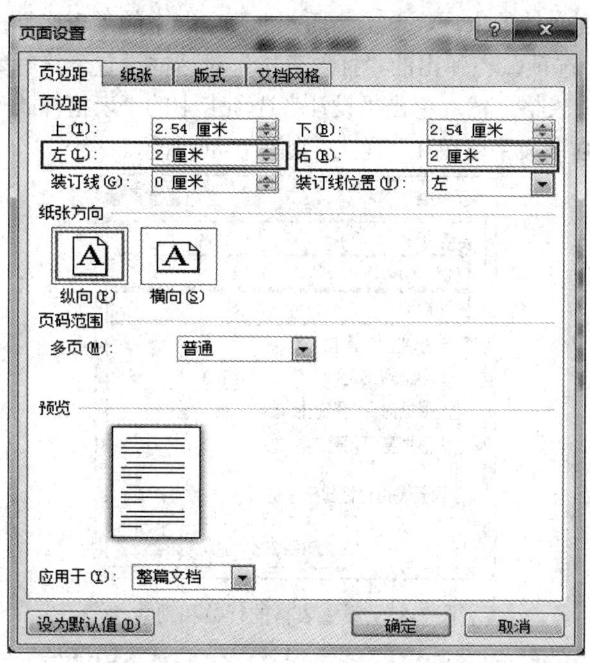

图 1-83　设置页边距

2. 按 Ctrl + A 组合键，选中全文，设置字体为宋体，字号为 4 号，单击“开始”选项卡中的段落设置按钮，在弹出的“段落”对话框中设置首行缩进“2 字符”，如图 1-84 所示。

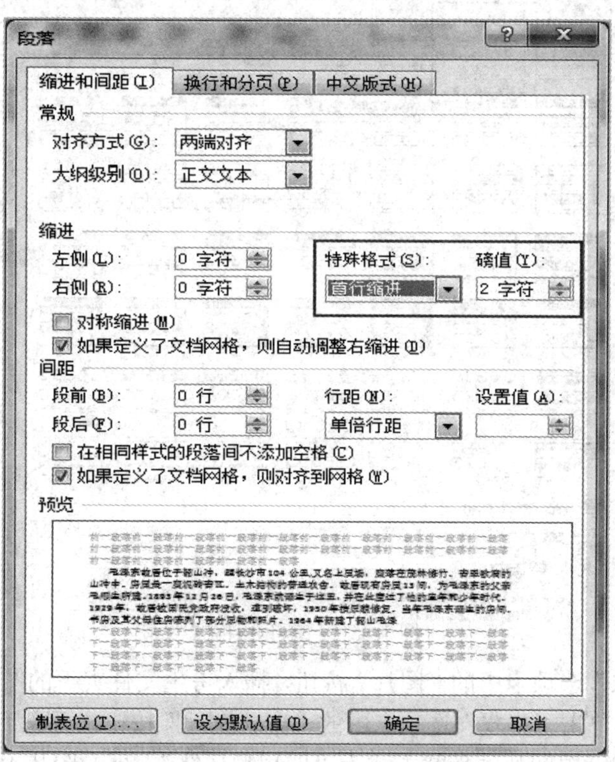

图 1-84　设置段落格式

3. 将光标移动到文档的末尾，单击“插入”选项卡中的“表格”按钮，再单击下拉列表中的“插入表格”选项，在弹出的“插入表格”对话框设置表格行数为 3、列数为 4，如图 1-85 所示。选中表格，然后单击“设计”选项卡中的“表格样式”按钮，在下拉列表中单击“浅色底纹-强调文字颜色 1”样式，如图 1-86 所示。

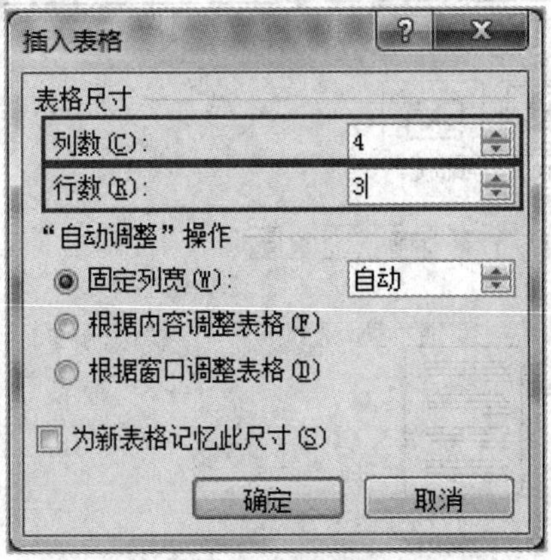

图 1-85　设置表格的行数和列数

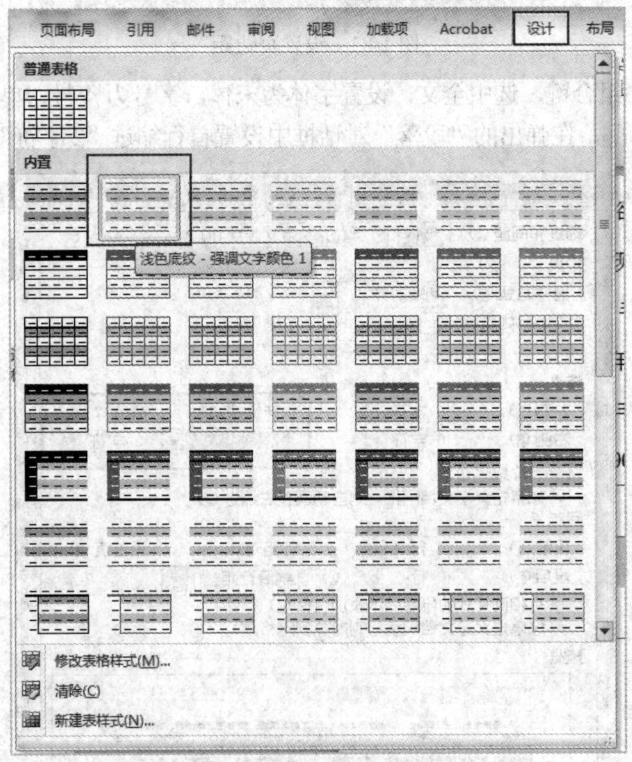

图 1-86　自动套用格式

4. 单击“插入”选项卡中的“图片”按钮，插入考生文件夹下的图片“w_mzdgj.jpg”。选中插入的图片，单击“格式”选项卡中的“自动换行”按钮，再在下拉列表中单击“四周型环绕”选项，设置图片的环绕方式为“四周型环绕”。再在图片上单击鼠标右键，在弹出的菜单中单击“大小和位置”菜单，在弹出的“布局”对话框中设置图片锁定纵横比、高度为 5 厘米，如图 1-87 所示。

布局

位置　文字环绕　大小

高度
绝对值(E)　5 厘米
相对值(L)　相对于(T)　页面

宽度
绝对值(B)　6.66 厘米
相对值(I)　相对于(E)　页面

旋转
旋转(T):　0°

缩放
高度(H):　47 %　宽度(W):　47 %
锁定纵横比(A)
相对原始图片大小(R)

原始尺寸
高度:　10.55 厘米　宽度:　14.04 厘米

重置(S)

确定　取消

图 1-87　设置图片的高度

5. 用鼠标选中图片，然后拖动图片到样文所示位置，如图 1-88 所示。

6. 完成以上操作后，选择“文件”→“保存”命令，或者按 Ctrl + S 组合键，保存当前文档。

三、效果图

制作好的毛泽东故居简介最终效果图为图 1-88 所示。

毛泽东故居位于韶山冲，距长沙市 104 公里，又名上屋场，座落在茂林修竹、青翠欲滴的山冲中。房屋是一座泥砖青瓦、土木结构的普通农舍。故居现有房屋 13 间，

为毛泽东的父亲毛顺生所建。1893 年 12 月 26 日，毛泽东就诞生于这里，并在此度过了他的童年和少年时代。1929 年，故居被国民党政府没收，遭到破坏，1950 年按原貌修复。当年毛泽东诞生的房间、书房及其父母住房陈列了部分原物和照片。1964 年新建了韶山毛泽东同志旧居陈列馆。

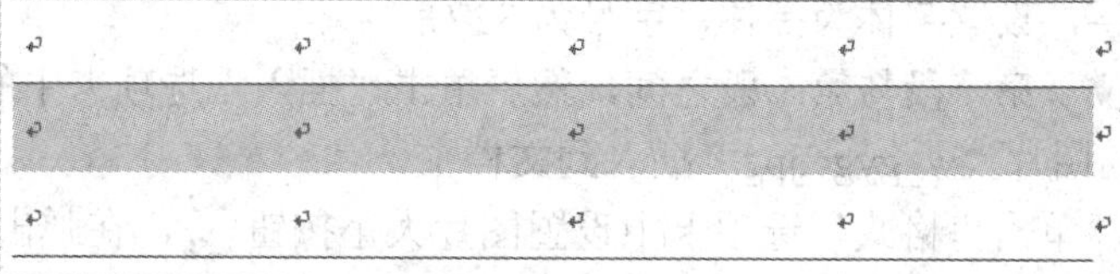

图 1-88　毛泽东故居简介效果图

第 16 题　编排古建筑介绍

一、操作要求

打开考生文件夹下的“word3_1.docx”文件，完成如下操作：

(1) 插入艺术字标题“江南第一村明清古建筑高椅村”；艺术字样式：渐变填充-蓝色，强调文字颜色 1；字体：黑色、32 号。

(2) 将考生文件夹下的图片“w_gygc.jpg”插入到第一自然段和第二自然段之间，并作如下设置：

缩放：高度 60%、锁定纵横比；

环绕方式：上下型；

阴影：外部，右下斜偏移。

完成以上操作后，以原文件名保存到考生文件夹中。

二、操作步骤

1. 打开考生文件夹下的“word3_1.docx”文件，将光标定位在第一行，单击“插入”选项卡中的“艺术字”按钮，在下拉列表中单击“渐变填充-蓝色，强调文字颜色 1”样式，如图 1-89 所示，输入艺术字标题文字“江南第一村明清古建筑高椅村”。

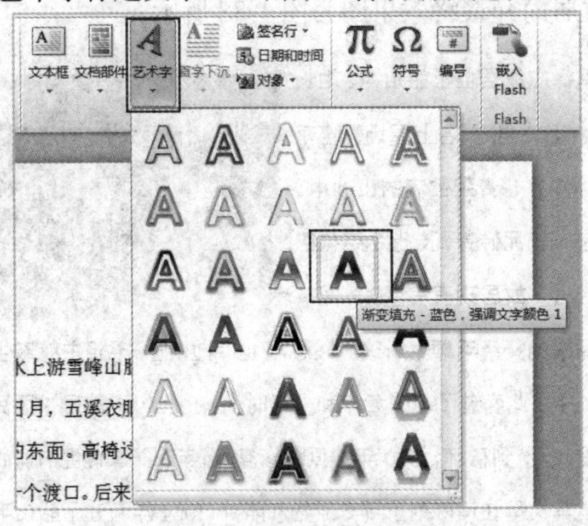

图 1-89　设置艺术字的样式

2. 选中艺术字，设置字体为黑体，字号为 32 磅。

3. 将光标定位于第一段与第二段之间，然后单击“插入”选项卡中的“图片”按钮，将考生文件夹下的图片“w_gygc.jpg”插入到文档中。

4. 选中图片，单击“格式”选项卡中设置图片大小按钮，在弹出的对话框中设置图片的缩放高度为 60%、锁定纵横比，如图 1-90 所示。

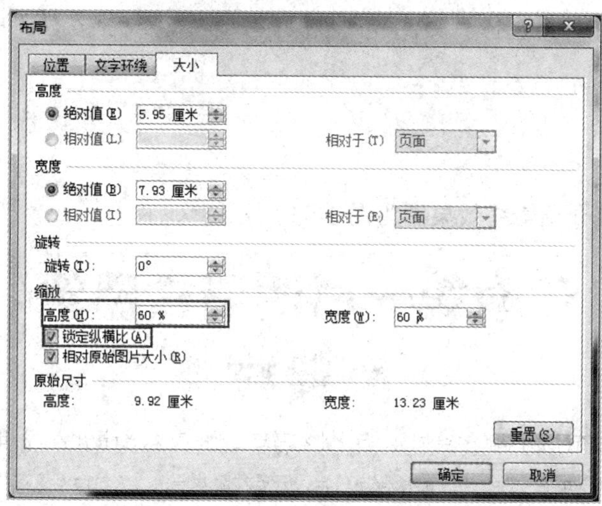

图 1-90　设置图片的缩放比例

5. 选中图片，单击“格式”选项卡中的“自动换行”按钮，在下拉列表中设置图片的环绕方式为“上下行环绕”，如图 1-91 所示。

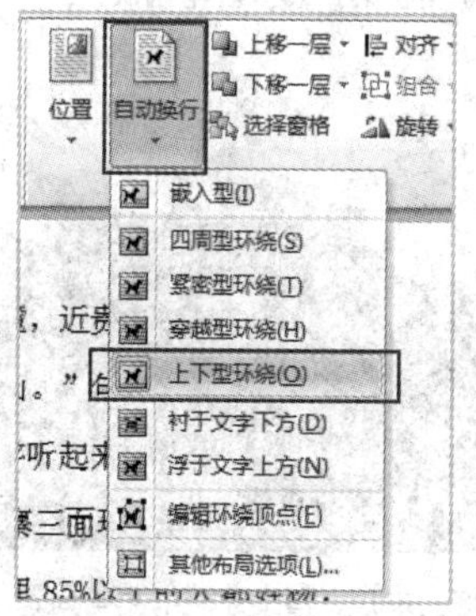

图 1-91　设置图片为上下行环绕

6. 选中图片，单击“格式”选项卡中的“图片效果”按钮，在下拉列表中单击“阴影”选项，再在子下拉列表中设置阴影效果为“右下斜偏移”，如图 1-92 所示。

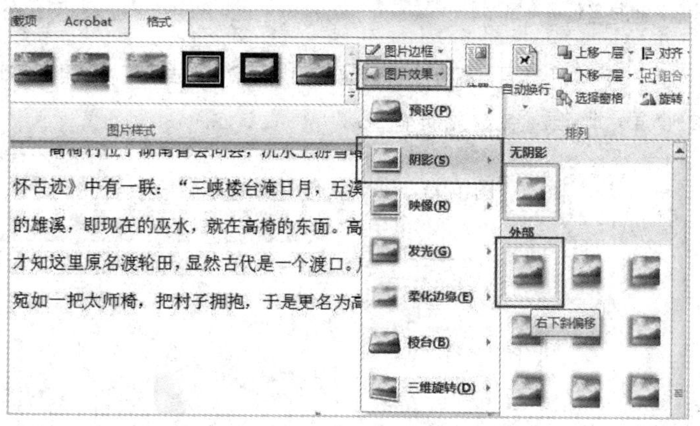

图 1-92　设置图片的阴影效果

7. 完成以上操作后，选择“文件”→“保存”命令，或者按 Ctrl + S 组合键，保存当前文档。

三、效果图

制作好的古建筑介绍最终效果图为图 1-93 所示。

江南第一村明清古建筑

高椅村

高椅村位于湖南省会同县，沅水上游雪峰山脉的南麓，近贵州省。杜甫《咏怀古迹》中有一联：“三峡楼台淹日月，五溪衣服共云山。”句中“五溪”之一的雄溪，即现在的巫水，就在高椅的东面。高椅这个名字听起来蛮特殊的，一问才知这里原名渡轮田，显然古代是一个渡口。后来，因村寨三面环山，一面依水，宛如一把太师椅，把村子拥抱，于是更名为高椅村。村里 85%以上的人都姓杨，据说是南宋诰封威远侯杨思远的后裔，都是侗族。

站在村子的中心，你会发现，整个建筑群落与周遭的山水、园林地理分布奇巧自然，想想当时古人在此建造自己的房屋时，是很注意村中布局的整体和谐，珍护着一方风水。高椅村周边自然风光也很棒，走出古村，还可以游览鹰鶿界自然保护区，绝壁溶洞，小溪飞瀑，有湖南小张家界之称。靠近会同县城还有粟裕故居，也是当地一个景点。

2006 年 05 月 25 日，高椅村古建筑群作为明至清时期古建筑，被国务院批准列入第六批全国重点文物保护单位名单。

图 1-93　古建筑介绍效果图

第四单元　Word 高级应用

第 17 题　添加文章目录

一、操作要求

打开考生文件夹下的“word4_2.docx”文件，完成如下操作：

(1) 在文档的最前面插入分隔符，分隔符类型为“下一页”，再将光标定位到文档的第 2 页，插入页码，起始页码为 1。

(2) 将文档中的一级目录文字应用“标题 1”样式，二级目录文字应用“标题 2”样式，三级目录文字应用“标题 3”样式。

(3) 在文档的首部插入目录，目录格式为“优雅”“显示页码”“页码右对齐”“显示级别”为 3 级，制表前导符为“--------”。

二、操作步骤

1. 打开考生文件夹下的“word4_2.docx”文件，将光标定位在文档的最前面，然后单击“页面布局”选项卡中的“分隔符”按钮，再单击下拉列表中的“下一页”选项，如图 1-94 所示。

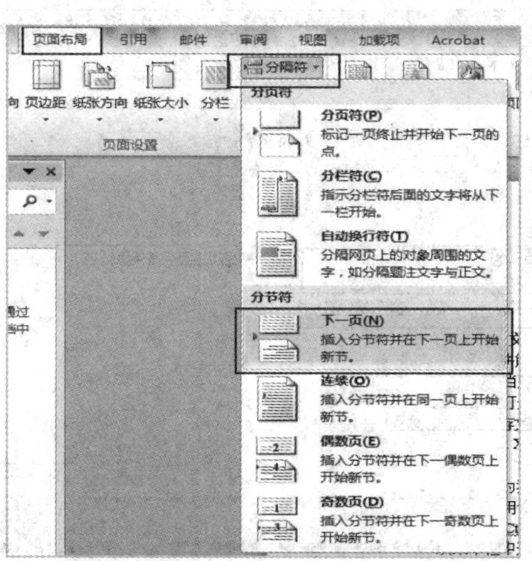

图 1-94　插入分节符

2. 将光标定位到文件的第 2 页，单击“插入”选项卡中的“页码”按钮，再单击下拉列表中的“设置页码格式”选项，在弹出的“页码格式”对话框设置起始页码为 1，如图

1-95 所示。再次单击“插入”选项卡中的“页码”按钮，再单击下拉列表中的“页面底端”按钮，再在子下拉列表中单击“普通数字 2”选项，如图 1-96 所示。

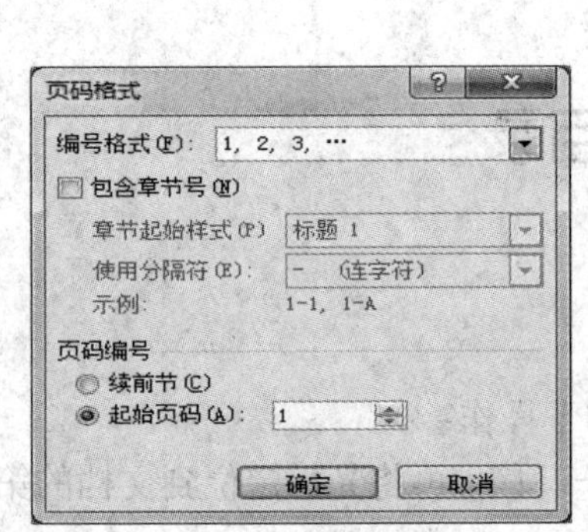

图 1-95 设置页码格式

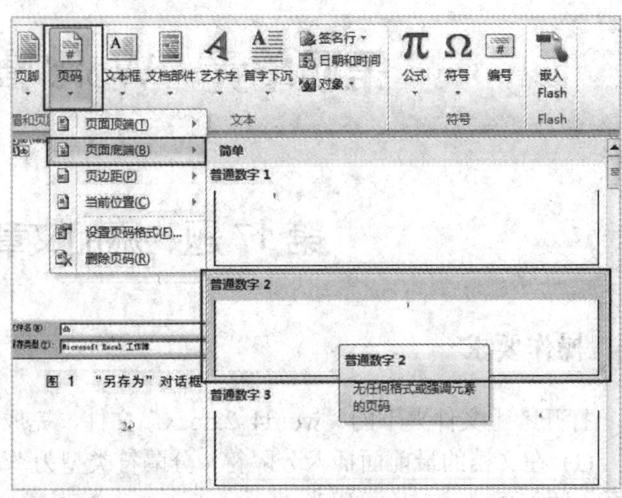

图 1-96 插入页码

3. 依次选择文档中红色文字，并为其应用对应的标题样式。一级标题应用“标题 1”样式，二级标题应用“标题 2”样式，三级标题应用“标题 3”样式。

【注意】为了能够顺利地添加目录，必须先为文档的标题应用对应的样式。具体操作为：首先选中标题文字，然后单击“开始”选项卡“样式”功能区中对应的样式名称即可。

4. 将光标定位于文档的最前面，输入“目录”两个字后按回车换行，然后单击“引用”选项卡中的“目录”按钮，在下拉列表中单击“插入目录”选项，在弹出“目录”对话框中设置目录格式为“优雅”“显示页码”“页码右对齐”“显示级别”为 3 级，制表前导符为“--------”，如图 1-97 所示。

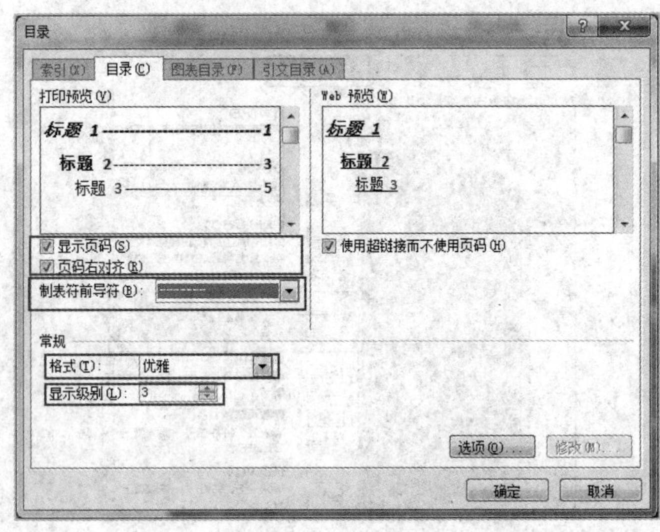

图 1-97 插入目录

5. 完成以上操作后，选择“文件”→“保存”命令，或者按 Ctrl + S 组合键，保存当前文档。

三、效果图

文章目录最终效果图为图 1-98 所示。

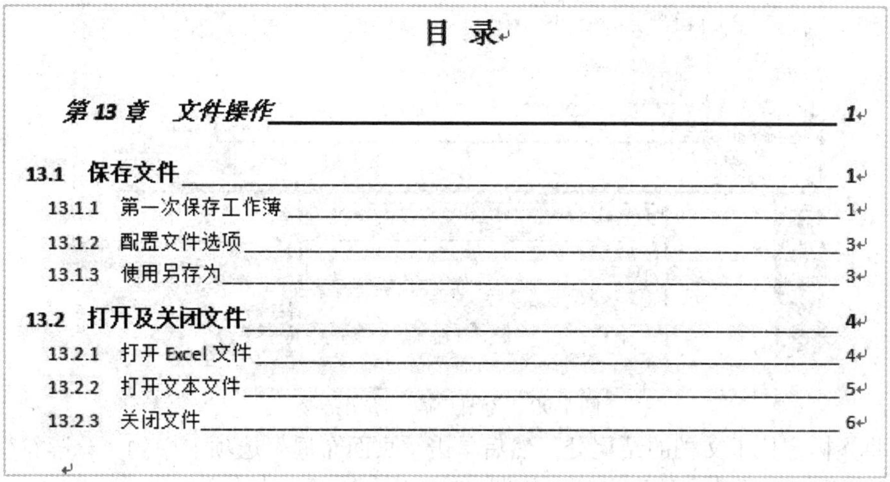

目　录

第 13 章　文件操作 ________ **1**

13.1　保存文件 ________ **1**

13.1.1　第一次保存工作薄 ________ 1

13.1.2　配置文件选项 ________ 3

13.1.3　使用另存为 ________ 3

13.2　打开及关闭文件 ________ **4**

13.2.1　打开 Excel 文件 ________ 4

13.2.2　打开文本文件 ________ 5

13.2.3　关闭文件 ________ 6

图 1-98　文章目录效果图

第 18 题　制作高校录取通知

一、操作要求

一、打开考生文件夹下的“word4_7.docx”文件，完成如下操作：

(1) 给文档中的图片插入超链接，链接到考生文件夹下的图片“W_tup.WMF”，并设置超级链接的屏幕提示文字为“请看奔马图”。

(2) 在文档结尾处插入分页符，然后插入考生文件夹下的文件“word4_7B.docx”。

(3) 打开考生文件夹中的文件“word4_7C.docx”，进行邮件合并，操作如下：

选择“目录”文档类型，使用当前文档作为主文档，以考生文件夹中的文件“Excel4_7C.xlsx”的 sheet1 工作表为数据源，进行邮件合并，并将合并后的文档以文件名“新生录取通知书 A.docx”保存到考生文件夹中，新生录取通知书 A 的内容如考生文件夹下的样文“word4_7 样文.jpg”所示。

二、操作步骤

1. 打开考生文件夹下的“word4_7.docx”文件，选中文档中的图片，单击鼠标右键，在弹出的菜单中单击“超级链接”菜单，然后在弹出的“插入超链接”对话框中设置链接到考生文件夹下的图片“W_tup.WMF”，单击“屏幕提示”按钮，在弹出的对话框窗口中输入屏幕提示文字为“请看奔马图”，然后单击“确定”按钮，如图 1-99 所示。

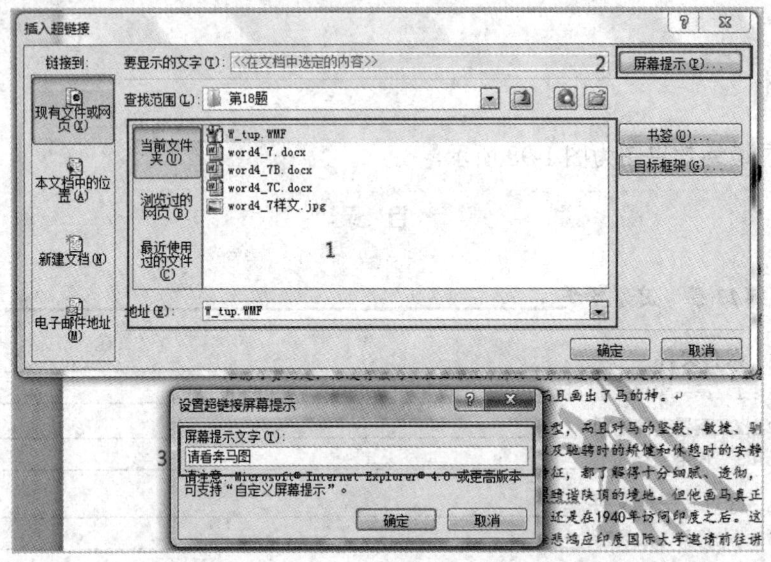

图 1-99　为图片插入超级链接

2. 将光标定位于文档的结尾处，然后单击“页面布局”选项卡中的“分隔符”按钮，再单击下拉列表中“分页符”选项，如图 1-100 所示，插入分页符。

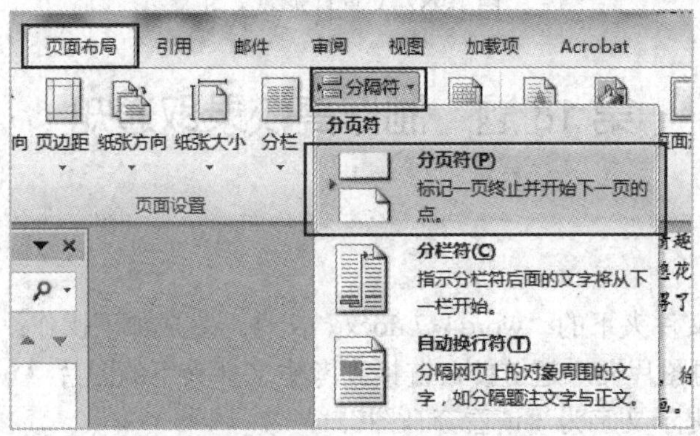

图 1-100　插入分页符

3. 单击“插入”选项卡中的“对象”按钮，在弹出的“对象”对话框中单击“由文件创建”选项卡，然后单击“浏览”按钮，如图 1-101 所示。在“浏览”对话框中选择考生文件夹中的文件“word4_7B.docx”，单击“插入”按钮，如图 1-102 所示。

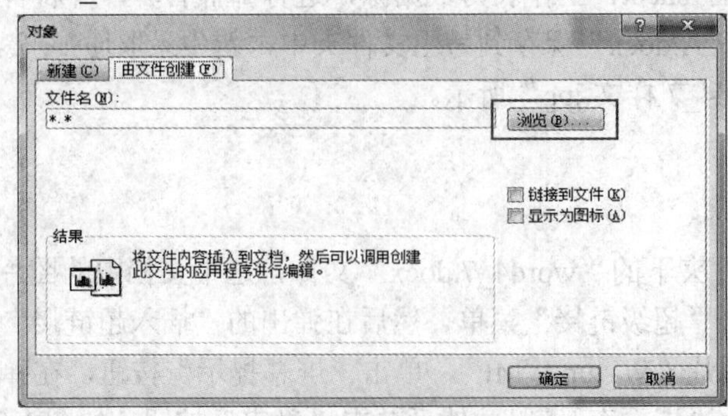

图 1-101　插入对象

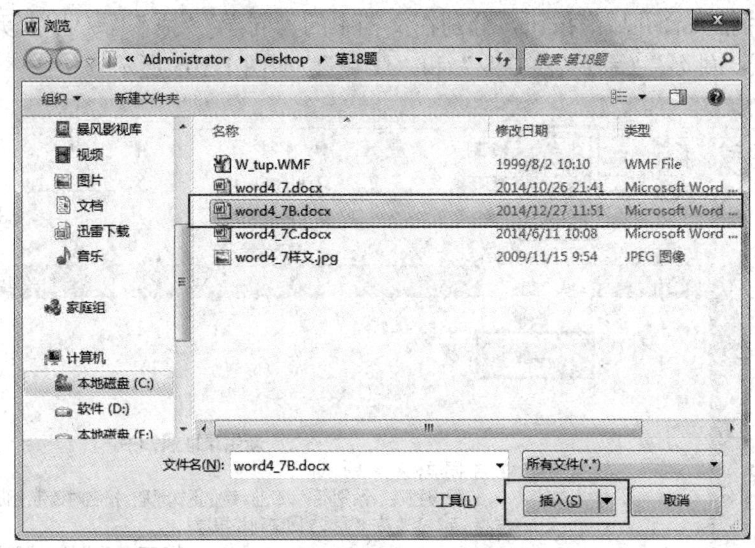

图 1-102　选择插入的文件

4. 打开考生文件夹中的“word4_7C.docx”文件，单击“邮件”选项卡中的“开始邮件合并”按钮，再单击下拉列表中“目录”选项，如图 1-103 所示，设置当前文档作为邮件合并的主文档。

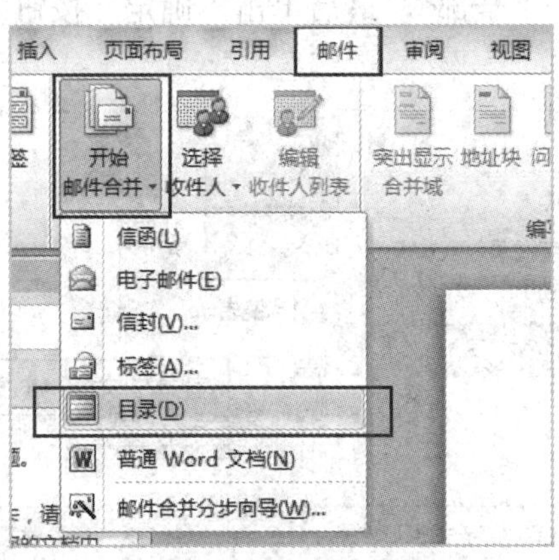

图 1-103　设置邮件合并的主文档

5. 单击“选择收件人”按钮，在下拉列表中单击“使用现有列表”选项，然后在弹出的对话框中设置现有文件为考生文件夹下的“Excel4_7C.xlsx”的 sheet1 工作表为数据源，如图 1-104 所示。

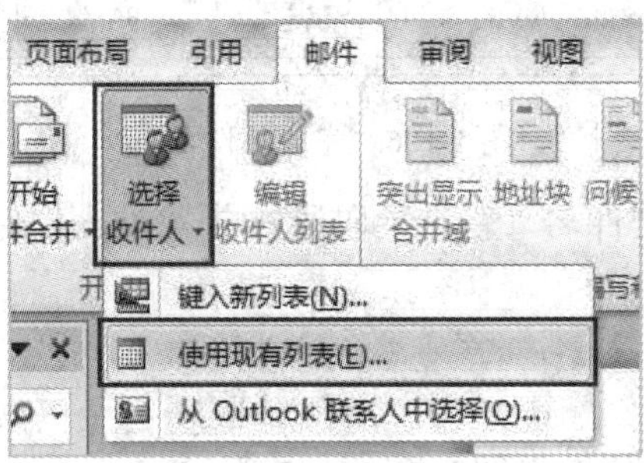

图 1-104　选择收件人

6. 单击“插入合并域”按钮，分别在文档中的“同学”“系”“专业”“元”的位置前面插入合并域“姓名”“系别”“专业”和“学费”，如图 1-105 所示。

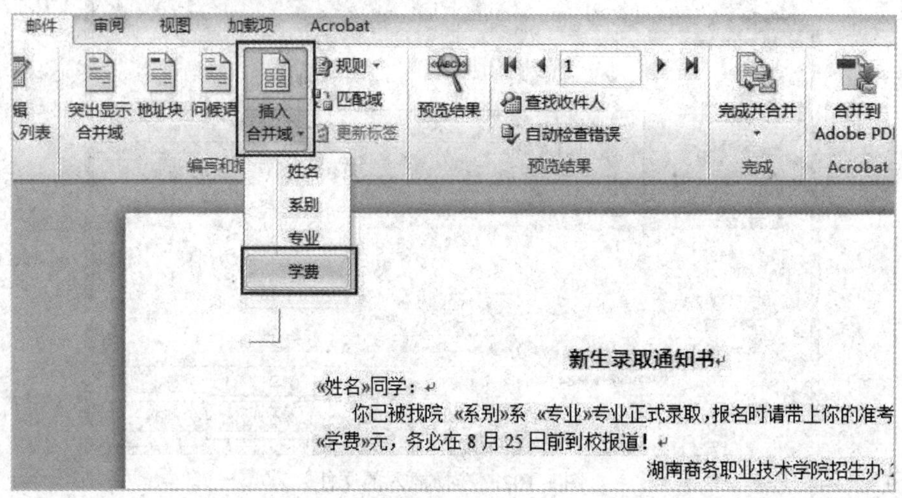

图 1-105　插入合并域

7. 单击“完成并合并”按钮，在下拉列表中单击“编辑单个文档”，然后在弹出的“合并到新文档”对话框中单击“全部”，最后单击“确定”按钮即完成了所有录取通知书的制作，如图 1-106 所示。

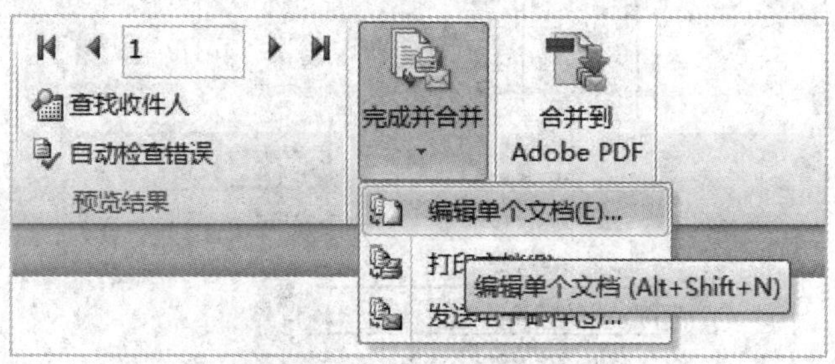

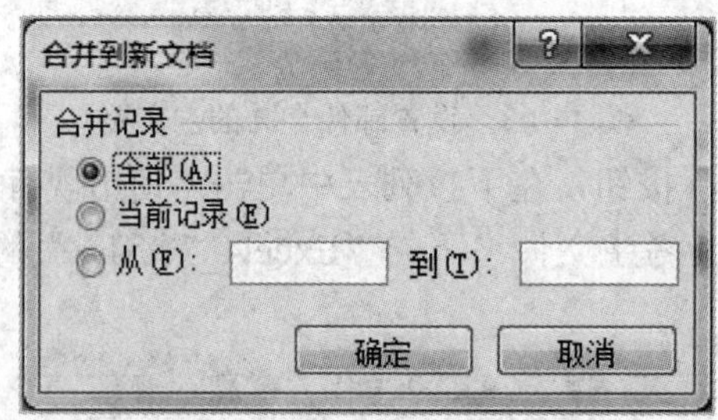

图 1-106　完成邮件合并

8. 将合并后的结果以文件名“新生录取通知书 A.docx”保存到考生文件夹中。

三、效果图

制作好的录取通知书最终效果图为图 1-107 所示。

新生录取通知书

程琳同学：

你已被我院 信息技术系　计算机应用专业正式录取，报名时请带上你的准考证和学费 4500 元，务必在 8 月 25 日前到校报道！

湖南商务职业技术学院招生办 2008-8-15

新生录取通知书

戴媛媛同学：

你已被我院 经济贸易系　电子商务专业正式录取，报名时请带上你的准考证和学费 4200 元，务必在 8 月 25 日前到校报道！

湖南商务职业技术学院招生办 2008-8-15

新生录取通知书

邓宽同学：

你已被我院 财会与管理系　财会专业正式录取，报名时请带上你的准考证和学费 4000 元，务必在 8 月 25 日前到校报道！

湖南商务职业技术学院招生办 2008-8-15

新生录取通知书

董良杰同学：

你已被我院 人文旅游系　文秘专业正式录取，报名时请带上你的准考证和学费 4000 元，务必在 8 月 25 日前到校报道！

湖南商务职业技术学院招生办 2008-8-15

图 1-107　录取通知书效果图

第 19 题　制作考生成绩通知单

一、操作要求

打开考生文件夹下的“word4_4.docx”文件，完成如下操作：

(1) 在文档的结尾处插入分隔符中的分页符，然后插入考生文件夹下的文件“word4_4b.docx”，以原文件名保存到考生文件夹。

(2) 打开考生文件夹中的文件“word4_4c.docx”，进行邮件合并，操作如下：

选择“信函”文档类型，使用当前文档作为主文档，以考生文件夹中的文件“Excel4_4c.xlsx”的 sheet1 工作表为数据源，进行邮件合并，将合并后的结尾处以文件名“成绩通知单.docx”保存到考生文件夹中，成绩通知单的内容如考生文件夹下的样文“word4_4 样文.jpg”所示。

二、操作步骤

1. 打开考生文件夹下的“word4_4.docx”文件，将光标移动到文档的结尾处，单击“页面布局”选项卡中的“分隔符”按钮，再单击下拉列表中“分页符”选项，插入分页符。

2. 单击“插入”选项卡中的“对象”按钮，在弹出“对象”对话框中单击“由文件创建”选项卡，然后单击“浏览”按钮，在弹出的“浏览”对话框中单击考生文件夹下的文件 word4_4b.docx，单击“插入”按钮，“如图 1-108 所示。完成以上操作后按 Ctrl+S 组合键保存文档。

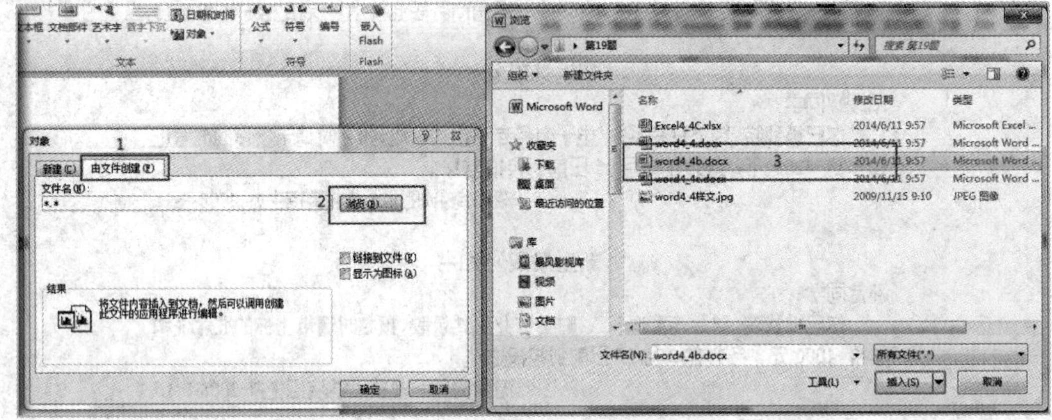

图 1-108　插入文件

3. 打开考生文件夹中的文件“word4_4c.docx”，单击“邮件”选项卡中的“开始邮件合并”按钮，在下拉列表中单击“信函”选项，设置当前文档作为主文档，如图 1-109 所示。

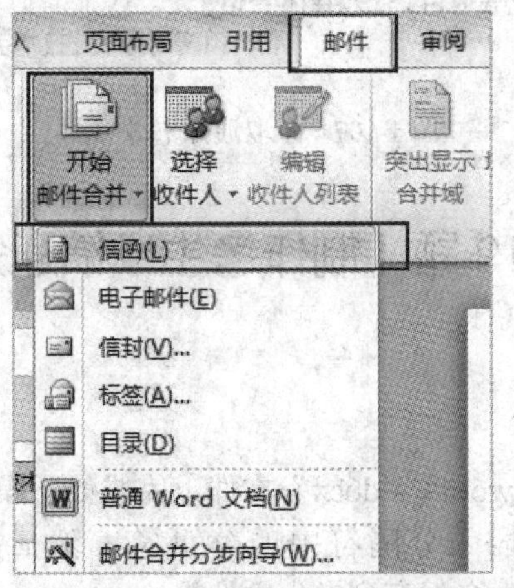

图 1-109　设置文档类型为“信函”

4. 单击“选择收件人”按钮，在下拉列表中单击“使用现有列表”选项，然后在弹出的对话框中单击考生文件夹下的“Excel4_4c.xlsx”的 sheet1 工作表为数据源，如图 1-110 所示。

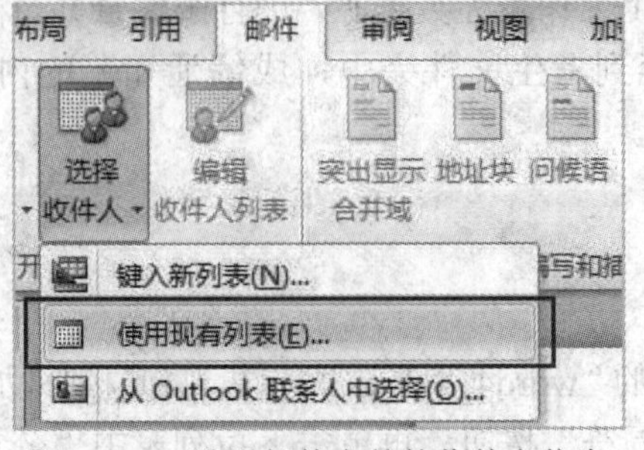

图 1-110　设置邮件合并的收件人信息

5. 单击“插入合并域”按钮，依次在表格的单元格中插入合并域，如图 1-111 所示。

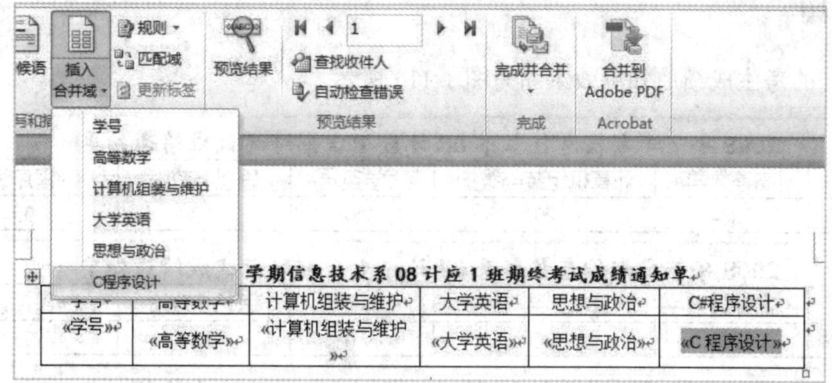

图 1-111　插入合并域

6. 单击“完成并合并”按钮，在下拉列表中单击“编辑单个文档”选项，并在弹出的窗口中选择“全部”记录，并单击“确定”按钮，完成合并，如图 1-112 所示。

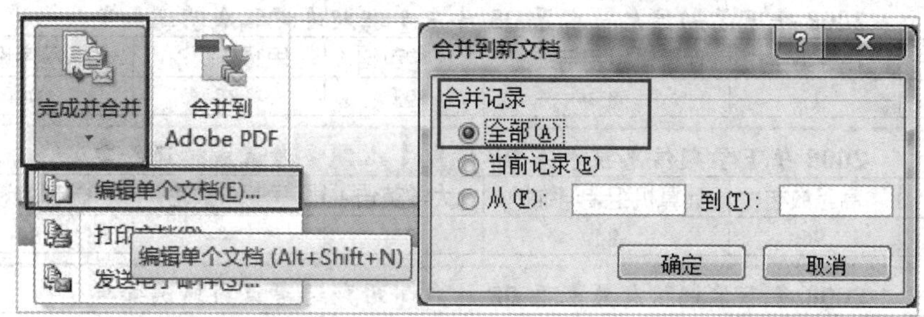

图 1-112　完成合并

7. 将合并后的文档以文件名“成绩通知单.docx”保存到考生文件夹中，如图 1-113 所示。

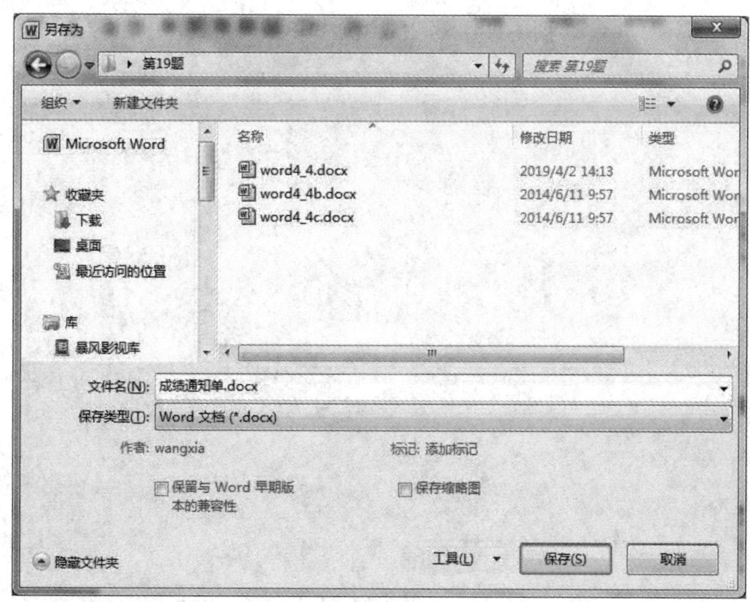

图 1-113　保存合并文档

三、效果图

制作好的考生成绩通知单效果图为图 1-114 所示。

2008 年下学期信息技术系 08 计应 1 班期终考试成绩通知单

学号	高等数学	计算机组装与维护	大学英语	思想与政治	C#程序设计
0801001	88	79	98	89	95

2008 年下学期信息技术系 08 计应 1 班期终考试成绩通知单

学号	高等数学	计算机组装与维护	大学英语	思想与政治	C#程序设计
0801002	90	76	95	83	93

2008 年下学期信息技术系 08 计应 1 班期终考试成绩通知单

学号	高等数学	计算机组装与维护	大学英语	思想与政治	C#程序设计
0801003	92	89	96	86	92

2008 年下学期信息技术系 08 计应 1 班期终考试成绩通知单

学号	高等数学	计算机组装与维护	大学英语	思想与政治	C#程序设计
0801004	95	85	93	85	94

2008 年下学期信息技术系 08 计应 1 班期终考试成绩通知单

学号	高等数学	计算机组装与维护	大学英语	思想与政治	C#程序设计
0801005	96	84	94	84	96

2008 年下学期信息技术系 08 计应 1 班期终考试成绩通知单

学号	高等数学	计算机组装与维护	大学英语	思想与政治	C#程序设计
0801006	87	82	85	87	91

图 1-114 考生成绩通知单效果图

第二部分

Excel 电子表格处理软件应用

第一单元　数据统计与分析

第1题　计算运动会成绩

一、操作要求

在考生文件夹打开名为“Excel_运动会 1-8.xlsx”的工作簿，完成如下操作：

(1) 用 RANK()函数求出各运动员在每个项目中的名次(男子 100 米项目和女子 100 米项目)。

(2) 用函数求出各运动员每个项目的得分(1 至 6 名分别得 6 至 1 分，其余为 0 分)。

完成以上操作后，将该工作簿以“Excel_运动会 1-8_jg.xlsx”为文件名保存在考生文件夹下。

二、操作步骤

1. 在考生文件夹打开名为“Excel_运动会 1-8.xlsx”的工作簿，选中 F2 单元格，单击“公式”选项卡中的“插入函数”按钮，弹出如图 2-1 所示的对话框，在“搜索函数”文本栏中输入“RANK”，单击“转到”按钮，然后选择列表中的 RANK 函数后，单击“确定”按钮，插入函数。

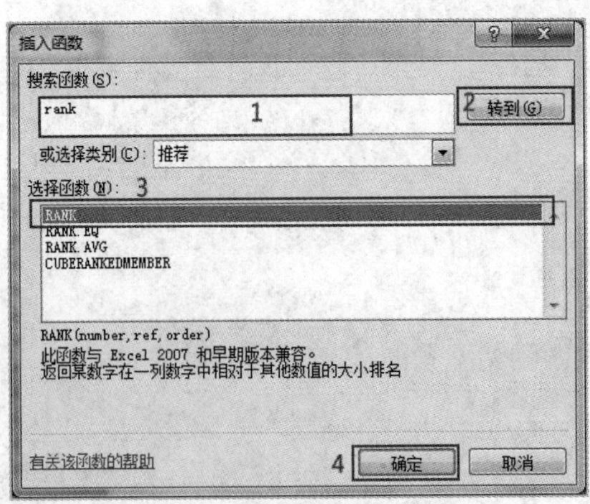

图 2-1　选择需要插入的函数

2. 在弹出“函数参数”设置对话框设置函数的参数，如图 2-2 所示。其中“Number”参数为要排名的数据，“Ref”是要排名的数字所在的序列(也就是数组或者区域)，“Order”为排名的方式，不填或者是填 0，则是降序排名的方式，填写任意一个非 0 的数字，则是升序排名的方式。100 米赛的排名应该是升序排名，因此在此填写一个非零数。

【注意】由于公式在填充的过程中要排名的数字序列是固定不变的，因此第二个参数的序列必须使用绝对引用地址：$E$2:$E$16。

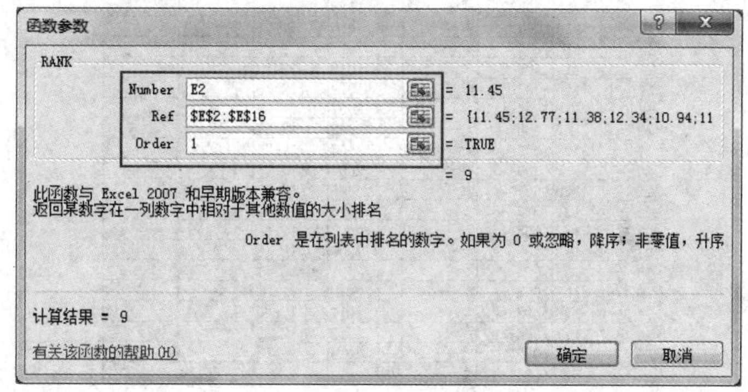

图 2-2　设置函数参数

3. 单击 F2 单元格，然后将光标移动到单元格右下角，当出现黑色加号时，按住鼠标左键，拖动加号至 F16 单元格，完成男子组名次计算，如图 2-3 所示。

F2　=RANK(E2,$E$2:$E$16,1)

	A	B	C	D	E	F	G
1	序号	项目	组别	选手编号	成绩	名次	得分
2	101	100M	男子	1000	11.45	9	
3	102	100M	男子	1001	12.77	14	
4	103	100M	男子	1002	11.38	8	
5	104	100M	男子	1004	12.34	11	
6	105	100M	男子	1007	10.94	5	
7	106	100M	男子	1008	11.15	6	
8	107	100M	男子	1009	12.37	12	
9	108	100M	男子	1010	12.88	15	
10	109	100M	男子	1011	10.9	3	
11	110	100M	男子	1012	10.4	2	
12	111	100M	男子	1013	10	1	
13	112	100M	男子	1015	11.21	7	
14	113	100M	男子	1016	10.9	3	
15	114	100M	男子	1018	12.12	10	
16	115	100M	男子	1019	12.72	13	
17	116	100M	女子	2001	11.56		
18	117	100M	女子	2002	12.64		

图 2-3　自动计算男子组其他成员的排名

4. 女子组的操作方法类似于男子组：选中 F17 单元格，然后单击“公式”选项卡中的“插入函数”按钮，插入 RANK 函数，具体的参数设置如图 2-4 所示，然后单击“确定”按钮。

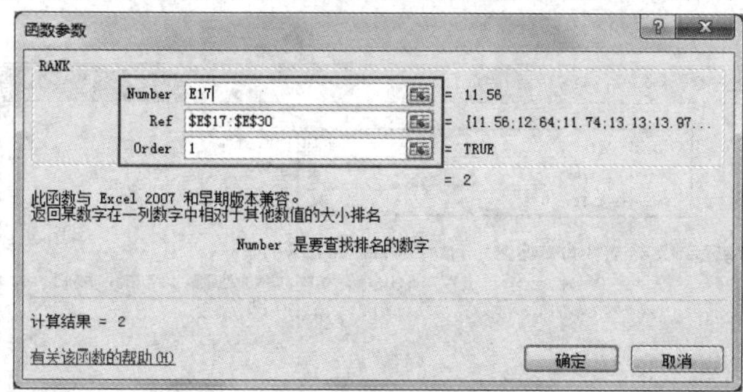

图 2-4　设置女子组排名函数的参数

5. 选中 F17 单元格，将光标移动到单元格的右下角，当变成黑色加号时，按住鼠标左键，拖动加号到 F30 单元格，完成女子组名次计算，如图 2-5 所示。

F17 =RANK(E17,$E$17:$E$30,1)

	A	B	C	D	E	F	G
10	109	100M	男子	1011	10.9	3	
11	110	100M	男子	1012	10.4	2	
12	111	100M	男子	1013	10	1	
13	112	100M	男子	1015	11.21	7	
14	113	100M	男子	1016	10.9	3	
15	114	100M	男子	1018	12.12	10	
16	115	100M	男子	1019	12.72	13	
17	116	100M	女子	2001	11.56	2	
18	117	100M	女子	2002	12.64		
19	118	100M	女子	2003	11.74		
20	119	100M	女子	2004	13.13		
21	120	100M	女子	2005	13.97		
22	121	100M	女子	2006	13.99		
23	122	100M	女子	2007	12.02		
24	123	100M	女子	2008	12.18		
25	124	100M	女子	2009	13.71		
26	125	100M	女子	2010	11.36		
27	126	100M	女子	2011	12.49		
28	127	100M	女子	2012	12.82		
29	128	100M	女子	2013	12.15		
30	129	100M	女子	2014	12.3		

图 2-5 自动计算女子组其他成员的排名

6. 选中 G2 单元格，然后单击“公式”选项卡中的“插入函数”按钮，弹出如图 2-6 所示的对话框，在“函数”选择列表中选择常用函数 IF 函数，然后单击“确定”按钮。

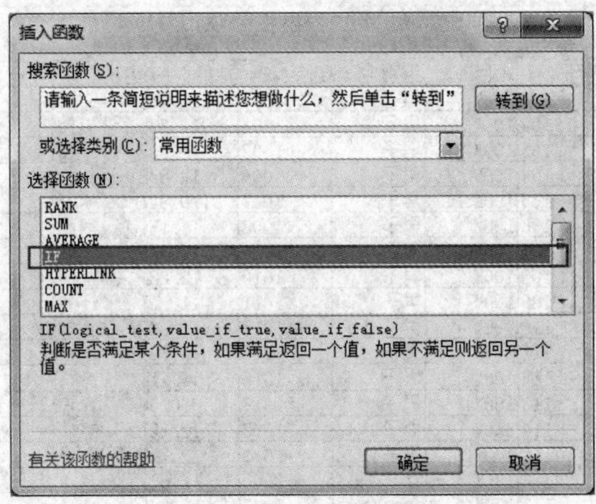

图 2-6 插入 IF 函数

7. 在弹出的“函数参数”对话框中输入函数的相关参数，如图 2-7 所示。在第一个参数中输入“F2<7”，在第二个参数中输入“7-F2”，在第三个参数中输入“0”，然后单击“确定”按钮。

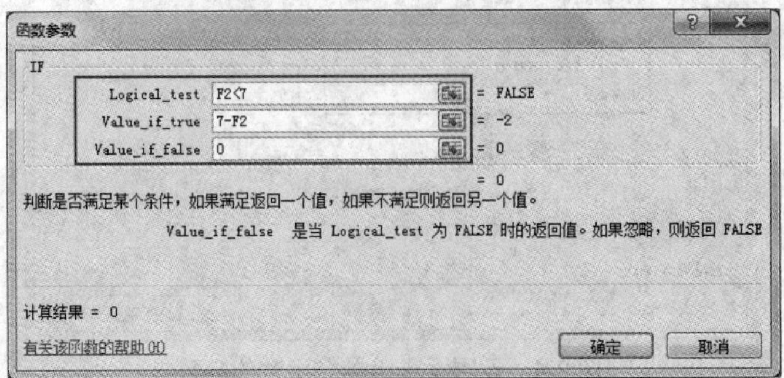

图 2-7 设置 IF 函数的参数

8. 选中 G2 单元格，将光标移动到单元格右下角，当变成黑色加号时，按住鼠标左键，拖动加号到 G30 单元格，如图 2-8 所示。

G2　f_x　=IF(F2<7,7-F2,0)

	A	B	C	D	E	F	G
6	105	100M	男子	1007	10.94	5	
7	106	100M	男子	1008	11.15	6	
8	107	100M	男子	1009	12.37	12	
9	108	100M	男子	1010	12.88	15	
10	109	100M	男子	1011	10.9	3	
11	110	100M	男子	1012	10.4	2	
12	111	100M	男子	1013	10	1	
13	112	100M	男子	1015	11.21	7	
14	113	100M	男子	1016	10.9	3	
15	114	100M	男子	1018	12.12	10	
16	115	100M	男子	1019	12.72	13	
17	116	100M	女子	2001	11.56	2	
18	117	100M	女子	2002	12.64	9	
19	118	100M	女子	2003	11.74	3	
20	119	100M	女子	2004	13.13	11	
21	120	100M	女子	2005	13.97	13	
22	121	100M	女子	2006	13.99	14	
23	122	100M	女子	2007	12.02	4	
24	123	100M	女子	2008	12.18	6	
25	124	100M	女子	2009	13.71	12	
26	125	100M	女子	2010	11.36	1	
27	126	100M	女子	2011	12.49	8	
28	127	100M	女子	2012	12.82	10	
29	128	100M	女子	2013	12.15	5	
30	129	100M	女子	2014	12.3	7	

图 2-8　自动计算其余单元格的得分

9. 选中 G17:G30 的单元格区域，单击“开始”选项卡中的单元格填充颜色按钮，设置其填充颜色和左边单元格的颜色一致，如图 2-9 所示。

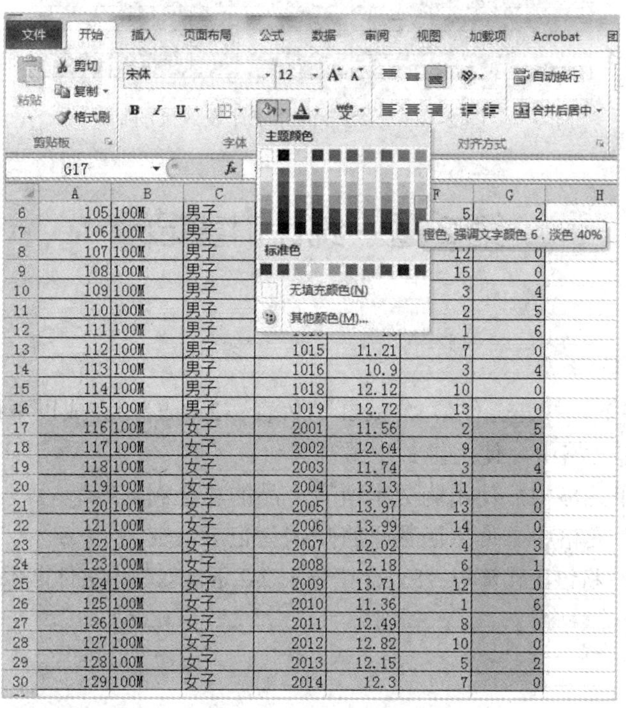

图 2-9　设置单元格的填充颜色

10. 完成以上操作后，选择“文件”→“另保存”命令，以“Excel_运动会 1-8_jg.xlsx”为文件名，保存到考生文件夹下。

三、效果图

运动会得分统计表最终效果图为图 2-10 所示。

序号	项目	组别	选手编号	成绩	名次	得分
101	100M	男子	1000	11.45	9	0
102	100M	男子	1001	12.77	14	0
103	100M	男子	1002	11.38	8	0
104	100M	男子	1004	12.34	11	0
105	100M	男子	1007	10.94	5	2
106	100M	男子	1008	11.15	6	1
107	100M	男子	1009	12.37	12	0
108	100M	男子	1010	12.88	15	0
109	100M	男子	1011	10.9	3	4
110	100M	男子	1012	10.4	2	5
111	100M	男子	1013	10	1	6
112	100M	男子	1015	11.21	7	0
113	100M	男子	1016	10.9	3	4
114	100M	男子	1018	12.12	10	0
115	100M	男子	1019	12.72	13	0
116	100M	女子	2001	11.56	2	5
117	100M	女子	2002	12.64	9	0
118	100M	女子	2003	11.74	3	4
119	100M	女子	2004	13.13	11	0
120	100M	女子	2005	13.97	13	0
121	100M	女子	2006	13.99	14	0
122	100M	女子	2007	12.02	4	3
123	100M	女子	2008	12.18	6	1
124	100M	女子	2009	13.71	12	0
125	100M	女子	2010	11.36	1	6
126	100M	女子	2011	12.49	8	0
127	100M	女子	2012	12.82	10	0
128	100M	女子	2013	12.15	5	2
129	100M	女子	2014	12.3	7	0

图 2-10 运动会得分统计表效果图

第 2 题 统计销售记录

一、操作要求

在考生文件夹下，打开工作簿“Excel 销售表 2-2.xlsx”，完成以下操作：

(1) 在 E212 单元格中，使用函数求最高单价。

(2) 在 G212 单元格中，使用函数求所有产品的总金额。

(3) 在 H213 单元格中，使用函数求张默销售记录条数。

完成以上操作，将该工作簿以“Excel 销售表 2-2_jg.xlsx”为文件名保存到考生文件夹下。

二、操作步骤

1. 打开考生文件夹下的工作簿“Excel 销售表 2-2.xlsx”，将光标移动到 E212 单元格，单击“公式”选项卡中的“插入函数”按钮，弹出如图 2-11 所示的对话框，在“选择函数”列表中选择常用函数 MAX 函数，单击“确定”按钮。

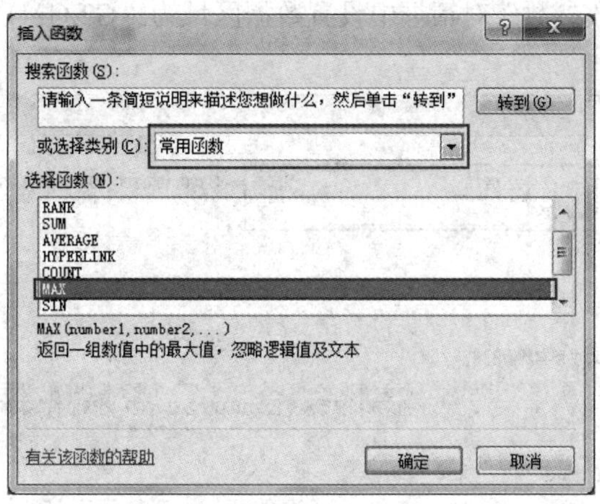

图 2-11　插入函数

2. 在弹出的“函数参数”对话框中设置数据区域为“E2:E211”，如图 2-12 所示，然后单击“确定”按钮。

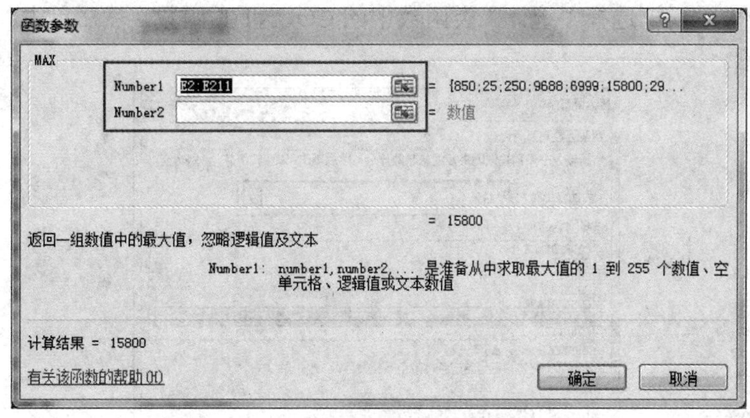

图 2-12　设置 MAX 函数的参数

3. 将光标移动到 G212 单元格，单击“公式”选项卡中的“插入函数”按钮，在弹出的“插入函数”对话框选择常用函数 SUM 函数，点击“确定”按钮，如图 2-13 所示。

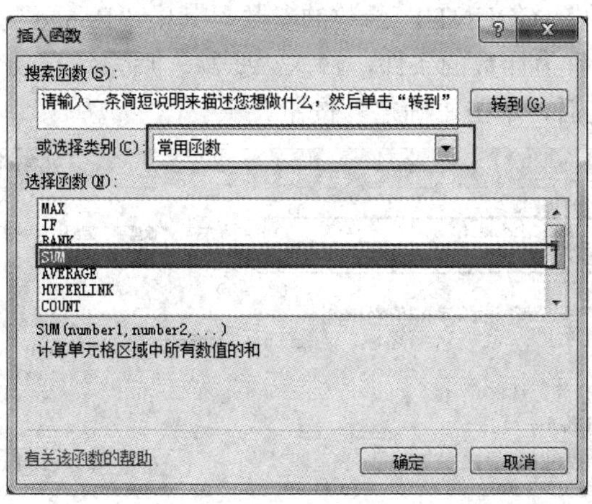

图 2-13　选择常用函数中的 SUM 函数

4. 在弹出的“函数参数”对话框中设置数据区域为“G2:G211”，如图 2-14 所示，然后单击“确定”按钮。

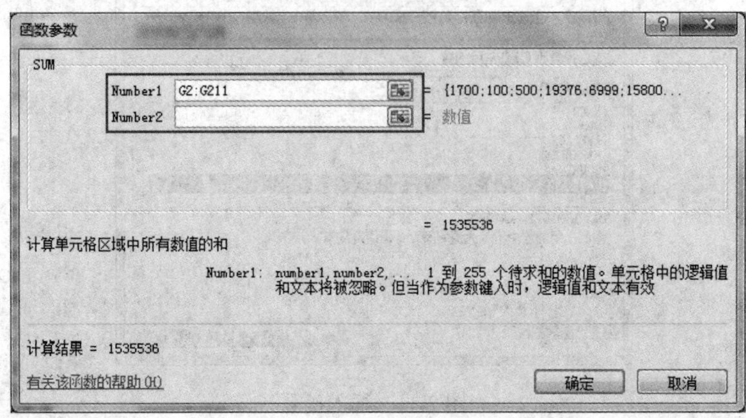

图 2-14 设置 SUM 函数的参数

5. 将光标移动到 H213 单元格，单击“公式”选项卡中的“插入函数”按钮，在弹出的“插入函数”对话框选择“统计”类函数中的 COUNTIF 函数，然后单击“确定”按钮，如图 2-15 所示。

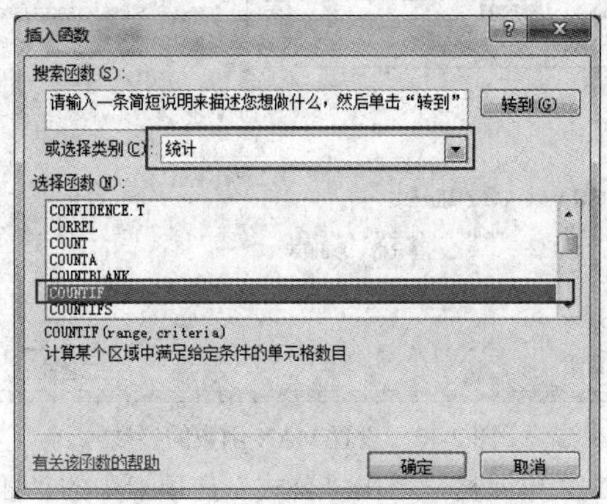

图 2-15 选择 COUNTIF 函数

6. 参照图 2-16 设置 COUNTIF 函数的参数，其中“Range”为要统计的单元格区域“H2:H211”，“Criteria”为计数的条件，输入“张默”后系统自动为其添加双引号，表示为文本。设置好参数之后，单击“确定”按钮。

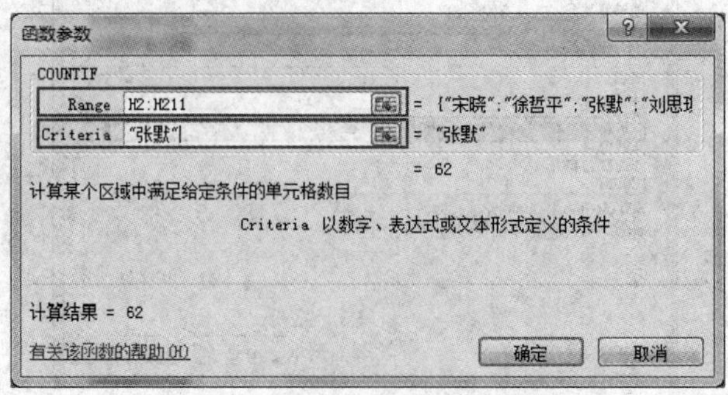

图 2-16 设置 COUNTIF 函数的参数

7. 完成以上操作后，选择“文件”→“另存为”命令，将该工作簿以“Excel 销售表 2-2_jg.xlsx”为文件名保存到考生文件夹下。

三、效果图

销售记录统计最终效果图如图 2-17 所示。

190	8	畅想系列	数码产品	MP890	780	6	4680	徐哲平	2009/2/9
191	80	畅想系列	亿全服务器	NAS	5000	3	15000	宋晓	2009/8/18
192	81	办公设备	冬普传真机	KXF383	1350	2	2700	文楚媛	2009/2/18
193	82	办公设备	优特电脑考	ET40	390	2	780	徐哲平	2009/5/18
194	83	办公耗材	墨盒	P375R	26	4	104	徐哲平	2009/2/18
195	84	办公设备	大明投影仪	RCE9	3980	1	3980	张默	2009/4/18
196	85	畅想系列	网络产品	RT89	1499	2	2998	张默	2009/2/18
197	86	办公耗材	碳粉	HP12	26	6	156	张默	2009/2/18
198	87	畅想系列	X系列笔记	X290E	4900	3	14700	宋晓	2009/2/18
199	88	畅想系列	家用电脑	M510C	5450	1	5450	宋晓	2009/3/18
200	89	畅想系列	打印机	EP	750	5	3750	宋晓	2009/4/18
201	9	办公耗材	复印纸	A3	25	4	100	徐哲平	2009/3/1
202	90	畅想系列	网络产品	ISDN8	850	2	1700	宋晓	2009/5/18
203	91	办公设备	大明扫描仪	V70	350	1	350	宋晓	2009/2/18
204	92	办公设备	优特电脑考	XF18	550	3	1650	文楚媛	2009/6/18
205	93	办公耗材	复印纸	A4	18	3	54	文楚媛	2009/8/18
206	94	畅想系列	亿全服务器	V202	6300	6	37800	张默	2009/2/18
207	95	畅想系列	亿全服务器	XEON	5990	2	11980	刘思琪	2009/5/18
208	96	畅想系列	数码产品	MP890	780	6	4680	徐哲平	2009/2/18
209	97	畅想系列	X系列笔记	X300C	6849	1	6849	张默	2009/4/18
210	98	畅想系列	家用电脑	D102A	3650	1	3650	张默	2009/2/18
211	99	畅想系列	打印机	K3	1350	2	2700	张默	2009/2/18
212				最高单价	15800	销售总额	1535536		
213						张默销售记录条数		62	

图 2-17　销售记录统计效果图

第 3 题　分析销售数据表

一、操作要求

在考生文件夹下，打开工作簿“Excel 销售表 2-5.xlsx”，对工作表“销售表”进行以下操作：

(1) 计算出各行中的销售金额。

(2) 在 G212 单元格中，计算所有销售总金额。

(3) 利用自动筛选功能，筛选出“500≤单价≤1000”的所有记录。

完成以上操作，将该工作簿以“Excel 销售表 2-5_jg.xlsx”为文件名保存到考生文件夹下。

二、操作步骤

1. 打开考生文件夹下的工作簿“Excel 销售表 2-5.xlsx”，将光标移动到 G2 单元格，在公式编辑栏输入公式“=E2*F2”后按回车键，如图 2-18 所示。

=E2*F2

C	D	E	F	G
品名	型号	单价	数量	销售金额
网络产品	ISDN8	850	2	1700
复印纸	A3	25	4	
网络产品	SCSI9	250	2	
X系列笔记	X410L	9688	2	
家用电脑	S203A	6999	1	

图 2-18 编辑销售金额的公式

2. 将光标移动到 G2 单元格的右下角，当变成黑色加号时，按住鼠标左键拖动到 G211 单元格，如图 2-19 所示。

【拓展知识】公式填充除了上面的拖动鼠标左键之外，还可以通过双击填充句柄来完成。输入公式后，将光标移动到单元格右下角，然后双击一下，将自动填充下面的单元格。不过这种方法只适合于向下填充，向右填充公式不适用。另外，当表格中间有空行时，只能填充到空行之前。

G2 =E2*F2

	A	B	C	D	E	F	G
191	80	畅想系列	亿全服务	NAS	5000	3	15000
192	81	办公设备	冬普传真	KXF383	1350	2	2700
193	82	办公设备	优特电脑	ET40	390	2	780
194	83	办公耗材	墨盒	P375R	26	4	104
195	84	办公设备	大明投影	RCE9	3980	1	3980
196	85	畅想系列	网络产品	RT89	1499	2	2998
197	86	办公耗材	碳粉	HP12	26	6	156
198	87	畅想系列	X系列笔记	X290E	4900	3	14700
199	88	畅想系列	家用电脑	M510C	5450	1	5450
200	89	畅想系列	打印机	EP	750	5	3750
201	9	办公耗材	复印纸	A3	25	4	100
202	90	畅想系列	网络产品	ISDN8	850	2	1700
203	91	办公设备	大明扫描	V70	350	1	350
204	92	办公设备	优特电脑	XF18	550	3	1650
205	93	办公耗材	复印纸	A4	18	3	54
206	94	畅想系列	亿全服务	V202	6300	6	37800
207	95	畅想系列	亿全服务	XEON	5990	2	11980
208	96	畅想系列	数码产品	MP890	780	6	4680
209	97	畅想系列	X系列笔记	X300C	6849	1	6849
210	98	畅想系列	家用电脑	D102A	3650	1	3650
211	99	畅想系列	打印机	K3	1350	2	2700
212						销售总金额	

图 2-19 公式填充计算其余产品销售金额

3. 将光标移动到 G212 单元格，单击“公式”选项卡中的“插入函数”按钮，在如图 2-20 所示的插入函数对话框中选择常用函数中的 SUM 函数后，点击“确定”按钮。

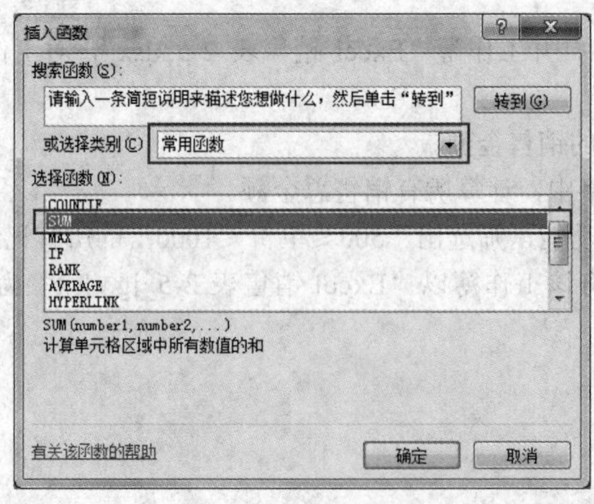

图 2-20 插入 SUM 函数

4. 在弹出的“函数参数”对话框中设置 SUM 函数的单元格区域为“G2:G211”，如图

2-21 所示。单击“确定”按钮，完成计算所有销售总金额。

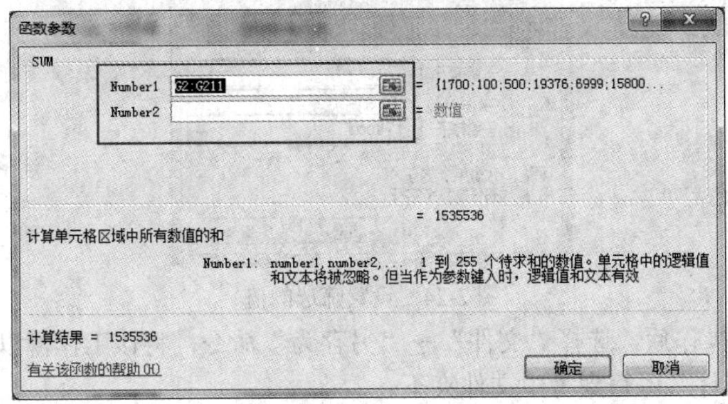

图 2-21　设置函数参数

5. 单击“数据”选项卡中的“筛选”按钮，进入筛选界面，此时数据表的标题行后边多出一个下拉的小三角形，如图 2-22 所示。

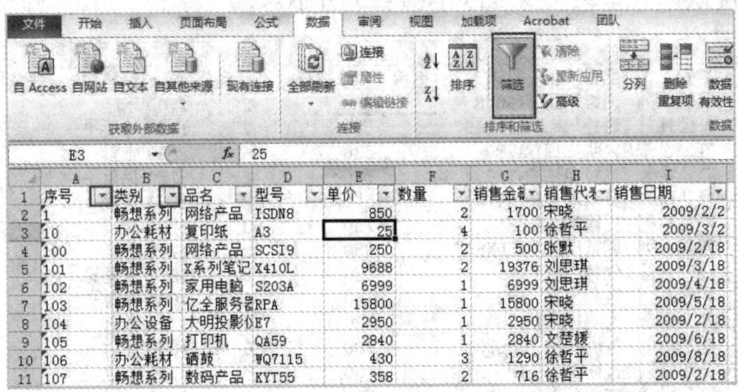

图 2-22　进入筛选界面

6. 点击标题行中“单价”后面的下三角形，然后在弹出的下拉列表中单击“数字筛选”中的“介于”选项(如图 2-23 所示)，然后在弹出的“自定义自动筛选方式”对话框中设置“大于或等于”500，并且“小于或等于”1000，如图 2-24 所示。单击“确定”按钮，完成筛选功能。

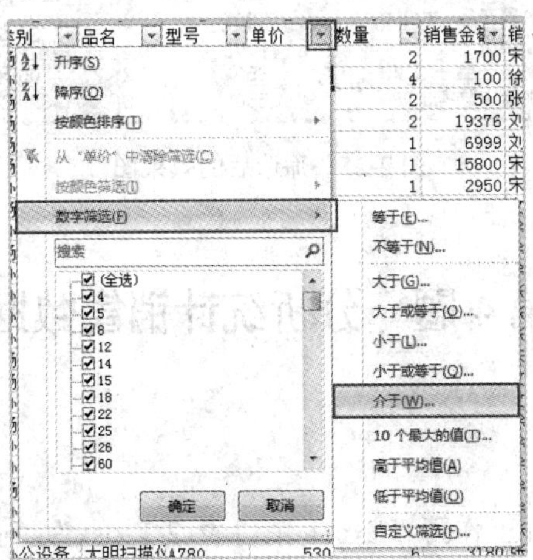

图 2-23　选择筛选的方式

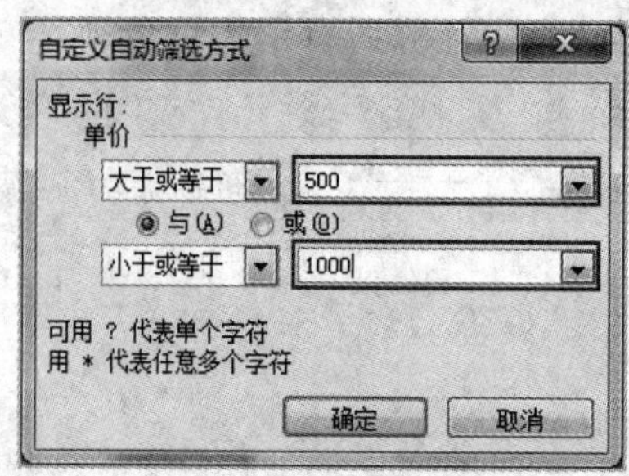

图 2-24 设置筛选的值

7. 完成以上操作后，选择“文件”→“另存为”命令，将该工作簿以“Excel 销售表 2-5_jg.xlsx”为文件名保存到考生文件夹下。

三、效果图

筛选后的销售数据表最终效果图如图 2-25 所示。

	A	B	C	D	E	F	G	H	I
1	序号	类别	品名	型号	单价	数量	销售金	销售代	销售日期
2	1	畅想系列	网络产品	ISDN8	850	2	1700	宋晓	2009/2/2
21	116	办公耗材	硒鼓	PY4149	580	2	1160	徐哲平	2009/5/18
25	12	办公设备	大明扫描	A780	530	6	3180	张默	2009/3/4
29	123	办公设备	优特电脑	GY10	750	1	750	徐哲平	2009/4/18
38	131	畅想系列	多功能一	CX4700	540	2	1080	宋晓	2009/6/18
63	154	畅想系列	打印机	EP	750	5	3750	宋晓	2009/4/18
64	155	畅想系列	网络产品	ISDN8	850	2	1700	宋晓	2009/5/18
66	157	办公设备	优特电脑	XF18	550	3	1650	文楚媛	2009/6/18
73	163	畅想系列	数码产品	MP890	780	6	4680	徐哲平	2009/2/22
77	167	办公设备	大明扫描	A780	530	6	3180	张默	2009/4/18
95	183	畅想系列	数码产品	MP890	780	6	4680	徐哲平	2009/6/18
102	19	畅想系列	打印机	EP	750	5	3750	宋晓	2009/3/11
103	190	办公设备	大明扫描	A780	530	6	3180	张默	2009/2/18
104	191	办公设备	大明扫描	A780	530	6	3180	张默	2009/2/18
114	20	畅想系列	网络产品	ISDN8	850	2	1700	宋晓	2009/3/12
122	207	畅想系列	多功能一	CX4700	540	2	1080	宋晓	2009/12/18
127	22	办公设备	优特电脑	XF18	550	3	1650	文楚媛	2009/3/14
135	3	办公设备	优特电脑	XF18	550	3	1650	文楚媛	2009/2/4
147	40	办公耗材	硒鼓	PY4149	580	2	1160	徐哲平	2009/5/18
155	48	办公设备	优特电脑	GY10	750	1	750	徐哲平	2009/5/18
162	54	畅想系列	多功能一	CX4700	540	2	1080	宋晓	2009/2/18
182	72	畅想系列	网络产品	SW02	550	3	1650	宋晓	2009/2/18
190	8	畅想系列	数码产品	MP890	780	6	4680	徐哲平	2009/2/9
200	89	畅想系列	打印机	EP	750	5	3750	宋晓	2009/4/18
202	90	畅想系列	网络产品	ISDN8	850	2	1700	宋晓	2009/5/18
204	92	办公设备	优特电脑	XF18	550	3	1650	文楚媛	2009/6/18

图 2-25 筛选后的效果图

第 4 题 分析统计销售数据

一、操作要求

在考生文件夹下，打开工作簿“Excel 销售表 2-1.xlsx”，对工作表“销售表”进行以下操作：

(1) 计算出各行中的“金额”(金额=单价*数量)。

(2) 按“销售代表”进行升序排序。

(3) 利用分类汇总，求出各销售代表的销售总金额(分类字段为“销售代表”，汇总方式为“求和”，汇总项为“金额”，汇总结果显示在数据下方)。

完成以上操作后，将该工作簿以“Excel 销售表 2-1_jg.xlsx”为文件名保存到考生文件夹下。

二、操作步骤

1. 打开考生文件夹下的工作簿“Excel 销售表 2-1.xlsx”，将光标移动到 G2 单元格，然后在公式编辑栏中输入公式“=E2*F2”后按回车键确认，如图 2-26 所示。

× ✓ fx　=E2*F2

C	D	E	F	G
品名	型号	单价	数量	金额
网络产品	ISDN8	850	2	=E2*F2
复印纸	A3	25	4	
网络产品	SCSI9	250	2	
X系列笔记	X410L	9688	2	
家用电脑	S203A	6999	1	

图 2-26　输入计算公式

2. 将光标移动到 G2 单元格的右下角，当变成黑色加号后双击鼠标，实现公式的自动填充。

3. 将光标置于数据区域中的任意单元格，然后单击“数据”选项卡中的排序按钮，在弹出的“排序”对话框中设置排序关键字为“销售代表”，排序次序为“升序”如图 2-27 所示，然后单击“确定”按钮。

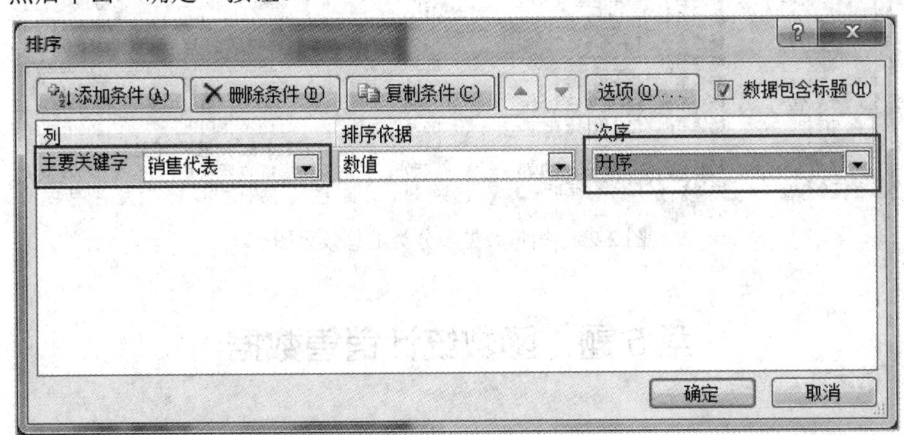

图 2-27　设置排序的关键字

4. 单击“数据”选项卡中的分类汇总按钮，在弹出的“分类汇总”对话框中选择分类字段为“销售代表”，汇总方式为“求和”，汇总项为“金额”，汇总结果显示在数据下方，如图 2-28 所示。单击“确定”按钮，完成分类汇总。

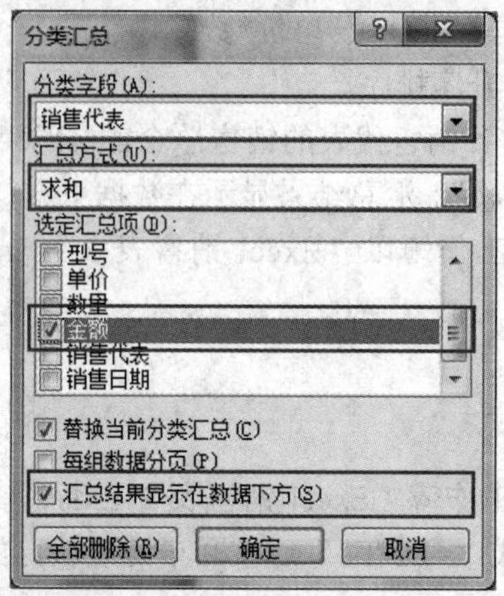

图 2-28 设置分类汇总选项

5. 完成以上操作后，选择“文件”→“另存为”命令，将该工作簿以“Excel 销售表 2-1_jg.xlsx”为文件名保存到考生文件夹下。

三、效果图

销售数据表分类汇总后的最终效果图如图 2-29 所示。

	A	B	C	D	E	F	G	H	I
1	序号	类别	品名	型号	单价	数量	金额	销售代表	销售日期
2	101	畅想系列	X系列笔记	X410L	9688	2	19376	刘思琪	2009/3/18
3	102	畅想系列	家用电脑	S203A	6999	1	6999	刘思琪	2009/4/18
4	128	畅想系列	商用电脑	D204A	4900	6	29400	刘思琪	2009/4/18
5	129	畅想系列	T系列笔记	T350G	9999	2	19998	刘思琪	2009/5/18
6	146	畅想系列	商用电脑	A800C	10288	5	51440	刘思琪	2009/2/18
7	162	畅想系列	亿全服务器	XEON	5990	2	11980	刘思琪	2009/2/21
8	181	畅想系列	亿全服务器	XEON	5990	2	11980	刘思琪	2009/5/18
9	194	畅想系列	X系列笔记	X410L	9688	2	19376	刘思琪	2009/5/18
10	195	畅想系列	家用电脑	S203A	6999	1	6999	刘思琪	2009/2/18
11	204	畅想系列	商用电脑	D204A	4900	6	29400	刘思琪	2009/10/18
12	205	畅想系列	T系列笔记	T350G	9999	2	19998	刘思琪	2009/11/18
13	52	畅想系列	T系列笔记	T350G	9999	2	19998	刘思琪	2009/2/18
14	7	畅想系列	亿全服务器	XEON	5990	2	11980	刘思琪	2009/2/8
15	71	畅想系列	亿全服务器	T1U	13200	2	26400	刘思琪	2009/4/18
16	79	畅想系列	X系列笔记	X520D	7450	3	22350	刘思琪	2009/6/18
17	95	畅想系列	亿全服务器	XEON	5990	2	11980	刘思琪	2009/5/18
18							319654	**刘思琪 汇总**	
19	1	畅想系列	网络产品	ISDN8	850	2	1700	宋晓	2009/2/2
20	103	畅想系列	亿全服务器	RPA	15800	1	15800	宋晓	2009/5/18

图 2-29 销售数据表分类汇总效果图

第 5 题 函数统计销售数据

一、操作要求

在考生文件夹下，打开工作簿“Excel 销售表 2-4.xlsx”，对工作表“销售表”进行以下操作：

(1) 利用函数填入折扣数据：所有单价为 1000 元(含 1000 元)以上的折扣为 5%，其余折扣为 3%。

(2) 利用公式计算各行折扣后的销售金额(销售金额=单价*(1−折扣)*数量)。

(3) 在 H212 单元格中，利用函数计算所有产品的销售总金额。

完成以上操作，将该工作簿以“Excel 销售表 2-4_jg.xlsx”为文件名保存到考生文件夹下。

一、操作步骤

1. 打开考生文件夹下的工作簿“Excel 销售表 2-4.xlsx”，将光标移动到 F2 单元格，然后在公式编辑栏输入计算折扣公式“=IF(E2>=1000,5%,3%)”后按回车键确认，如图 2-30 所示。

=IF(E2>=1000,5%,3%)

	C	D	E	F
	品名	型号	单价	折扣
列	网络产品	ISDN8	850	5%,3%)
材	复印纸	A3	25	
列	网络产品	SCSI9	250	

图 2-30　输入计算折扣的公式

2. 将光标移动到 F2 单元格的右下角，当变成黑色加号时，双击鼠标左键，完成公式的自动填充，如图 2-31 所示。

F2　=IF(E2>=1000,5%,3%)

A	B	C	D	E	F
序号	类别	品名	型号	单价	折扣
1	畅想系列	网络产品	ISDN8	850	0.03
10	办公耗材	复印纸	A3	25	0.03
100	畅想系列	网络产品	SCSI9	250	0.03
101	畅想系列	X系列笔记	X410L	9688	0.05
102	畅想系列	家用电脑	S203A	6999	0.05
103	畅想系列	亿全服务器	RPA	15800	0.05
104	办公设备	大明投影仪	E7	2950	0.05
105	畅想系列	打印机	QA59	2840	0.05
106	办公耗材	硒鼓	WQ7115	430	0.03
107	畅想系列	数码产品	KYT55	358	0.03
108	办公耗材	传真纸	NWZ	8	0.03
109	办公设备	四星复印机	AD168	10900	0.05
11	办公设备	四星复印机	TO163	5800	0.05
110	办公设备	大明扫描仪	9950F	3080	0.05
111	畅想系列	家用电脑	T640E	8790	0.05
112	畅想系列	打印机	LQ	2910	0.05

图 2-31 双击 F2 单元格填充句柄

3. 选中 H2 单元格，然后在公式编辑栏输入销售金额计算公式“=E2*(1-F2)*G2”，如图 2-32 所示，然后按回车键确认。

=E2*(1-F2)*G2

C	D	E	F	G	H	I
品名	型号	单价	折扣	数量	销售金额	销售代表
网络产品	ISDN8	850	0.03	2	=E2*(1-F2)*G2	
复印纸	A3	25	0.03	4		徐哲平
网络产品	SCSI9	250	0.03	2		张默
X系列笔记	X410L	9688	0.05	2		刘思琪
家用电脑	S203A	6999	0.05	1		刘思琪
亿全服务器	RPA	15800	0.05	1		宋晓
大明投影仪	E7	2950	0.05	1		宋晓
打印机	QA59	2840	0.05	1		文楚媛

图 2-32　输入销售金额计算公式

4. 将光标移动到H2单元格的右下角，当变成黑色加号时，双击鼠标左键，自动填充此列其他单元格销售金额的计算公式，如图2-33所示。

【注意】采用双击鼠标左键的方式完成公式的自动填充时会将公式自动拉伸到第212行，因此需要先将F212和H212单元格中的数据内容按delete键删除掉。

=E2*(1-F2)*G2

C	D	E	F	G	H
品名	型号	单价	折扣	数量	销售金额
网络产品	ISDN8	850	0.03	2	1649
复印纸	A3	25	0.03	4	97
网络产品	SCSI9	250	0.03	2	485
X系列笔记	X410L	9688	0.05	2	18407.2
家用电脑	S203A	6999	0.05	1	6649.05
亿全服务器	RPA	15800	0.05	1	15010
大明投影仪	E7	2950	0.05	1	2802.5
打印机	QA59	2840	0.05	1	2698
硒鼓	WQ7115	430	0.03	3	1251.3
数码产品	KYT55	358	0.03	2	694.52
传真纸	NWZ	8	0.03	1	7.76
四星复印机	AD168	10900	0.05	1	10355

图2-33 双击H2单元格的填充句柄

5. 选中H212单元格，然后单击“开始”选项卡中的插入公式按钮 Σ 自动求和 ▾，在下拉列表中选择“求和”函数，如图2-34所示。然后设置求和的区域为“H2:H211”，如图2-35所示。

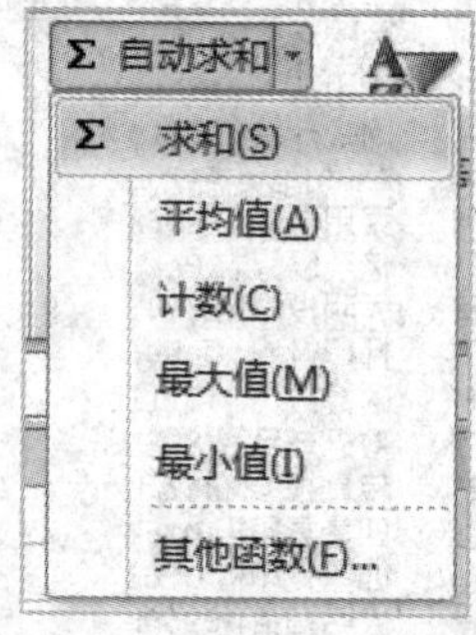

图2-34 选择“求和”函数

=SUM(H2:H211)

	D	E	F	G	H	I	
品	ISDN8	850	0.03	2	1649	宋晓	20
描仪	V70	350	0.03	1	339.5	宋晓	20
脑考	XF18	550	0.03	3	1600.5	文楚媛	20
	A4	18	0.03	3	52.38	文楚媛	20
务器	V202	6300	0.05	6	35910	张默	20
务器	XEON	5990	0.05	2	11381	刘思琪	20
品	MP890	780	0.03	6	4539.6	徐哲平	20
笔记	X300C	6849	0.05	1	6506.55	张默	20
脑	D102A	3650	0.05	1	3467.5	张默	20
	K3	1350	0.05	2	2565	张默	20
				销售总金额	=SUM(H2:H211)		

SUM(number1, [number2], ...)

图2-35 设置求和的区域

6. 选中E2:E211单元格区域，然后单击鼠标右键，在下拉列表中单击“设置单元格格式”选项，在弹出的“设置单元格格式”对话框中将其设置为“百分比”的格式，如图2-36所示。

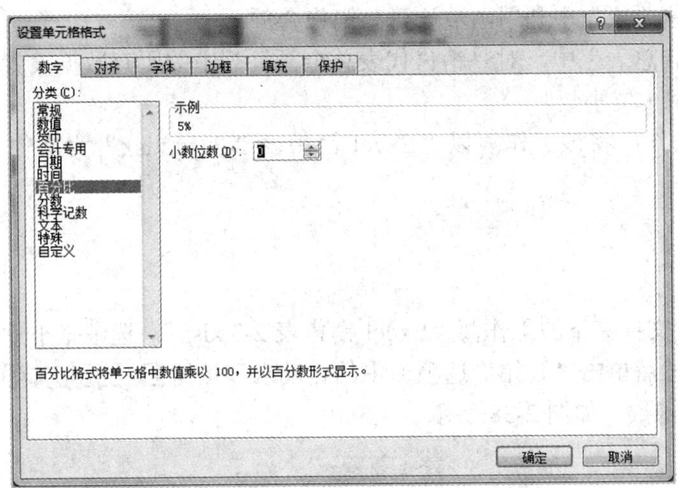

图 2-36　设置单元格格式

7. 完成以上操作后，选择“文件”→“另存为”命令，将该工作簿以“Excel 销售表 2-4_jg.xlsx”为文件名保存到考生文件夹下。

三、效果图

处理后销售数据表最终效果图为图 2-37 所示。

	A	B	C	D	E	F	G	H	I	J
195	84	办公设备	大明投影仪	RCE9	3980	5%	1	3781	张默	2009/4/18
196	85	畅想系列	网络产品	RT89	1499	5%	2	2848.1	张默	2009/2/18
197	86	办公耗材	碳粉	HP12	26	3%	6	151.32	张默	2009/2/18
198	87	畅想系列	X系列笔记	X290E	4900	5%	3	13965	宋晓	2009/2/18
199	88	畅想系列	家用电脑	M510C	5450	5%	1	5177.5	宋晓	2009/3/18
200	89	畅想系列	打印机	EP	750	3%	5	3637.5	宋晓	2009/4/18
201	9	办公耗材	复印纸	A3	25	3%	4	97	徐哲平	2009/3/1
202	90	畅想系列	网络产品	ISDN8	850	3%	2	1649	宋晓	2009/5/18
203	91	办公设备	大明扫描仪	V70	350	3%	1	339.5	宋晓	2009/2/18
204	92	办公设备	优特电脑考	XF18	550	3%	3	1600.5	文楚媛	2009/6/18
205	93	办公耗材	复印纸	A4	18	3%	3	52.38	文楚媛	2009/8/18
206	94	畅想系列	亿全服务器	V202	6300	5%	6	35910	张默	2009/2/18
207	95	畅想系列	亿全服务器	XEON	5990	5%	2	11381	刘思琪	2009/5/18
208	96	畅想系列	数码产品	MP890	780	3%	6	4539.6	徐哲平	2009/2/18
209	97	畅想系列	X系列笔记	X300C	6849	5%	1	6506.55	张默	2009/4/18
210	98	畅想系列	家用电脑	D102A	3650	5%	1	3467.5	张默	2009/2/18
211	99	畅想系列	打印机	K3	1350	5%	2	2565	张默	2009/2/18
212							销售总金额	1460592		

图 2-37　处理后销售数据表效果图

第 6 题　销售代表销售汇总

一、操作要求

打开考生文件夹下的工作簿“Excel 销售表 2-3.xlsx”，对工作表“销售总表”进行以下操作：

(1) 多表计算：在“销售总表”中利用函数计算三位销售代表的销售总金额。

(2) 在“销售总表”中利用函数计算总销售金额。

(3) 在“销售总表”中，对“销售代表总金额”列中的所有数据设置成“使用千分位分隔符”，并保留 1 位小数。

完成以上操作，将该工作簿以“Excel 销售表 2-3_jg.xlsx”为文件名保存到考生文件夹下。

二、操作步骤

1. 打开考生文件夹下的工作簿“Excel 销售表 2-3.xlsx”，选中张小默销售总金额所在的 B2 单元格，然后单击“开始”选项卡中的自动求和按钮 Σ 自动求和 ▾，在下拉列表中选择“求和”函数，如图 2-38 所示。

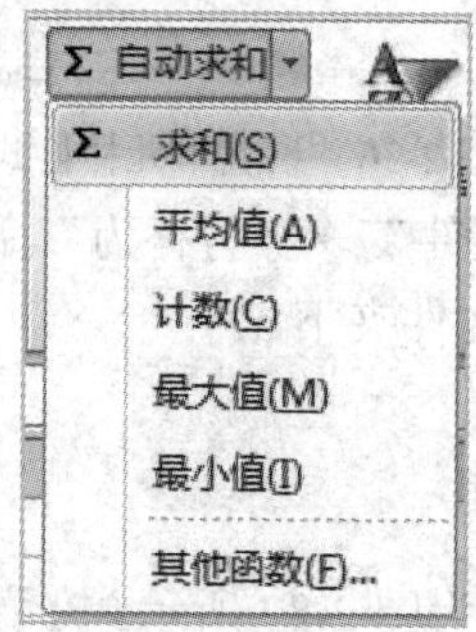

图 2-38　选择“求和”函数

2. 此时，在单元格中自动生成了函数“=SUM()”，然后用鼠标单击“张小默”工作表，并用鼠标拖选张小默的销售金额单元格区域 G2:G63，如图 2-39 所示，然后按回车键确认。

SUM　=SUM(张小默!G2:G63)

	A	B	C	D	E	F	G	H	I
38	202	办公设备	四星复印机	AD168	10900	1	10900	张小默	2009/9/18
39	203	办公设备	大明扫描仪	9950F	3080	1	3080	张小默	2009/9/18
40	210	畅想	SUM(**number1**, [number2], ...)		60	6	360	张小默	2012/6/18
41	25	畅想系列	亿全服务器	V202	6300	6	37800	张小默	2009/7/18
42	29	畅想系列	商用电脑	X201D	9799	5	48995	张小默	2009/10/18
43	30	畅想系列	T系列笔记	T370P	9299	2	18598	张小默	2009/10/19
44	34	畅想系列	X系列笔记	X411T	4700	5	23500	张小默	2009/10/23
45	43	办公设备	大明扫描仪	A688	420	1	420	张小默	2009/2/18
46	50	畅想系列	T系列笔记	T290E	7500	1	7500	张小默	2009/6/18
47	51	畅想系列	多功能一体	HP4308	1220	2	2440	张小默	2009/8/18
48	59	畅想系列	移动存储	256M	60	6	360	张小默	2009/2/18
49	6	畅想系列	亿全服务器	V202	6300	6	37800	张小默	2009/2/7
50	65	畅想系列	多功能一体	Q8143A	2350	1	2350	张小默	2009/2/18
51	69	畅想系列	商用电脑	X201D	9799	5	48995	张小默	2009/5/18
52	70	畅想系列	T系列笔记	T370P	9299	2	18598	张小默	2009/2/18
53	75	畅想系列	X系列笔记	X410T	4700	1	4700	张小默	2009/3/18
54	76	畅想系列	家用电脑	M2600C	3680	1	3680	张小默	2009/4/18
55	77	畅想系列	打印机	5L	498	3	1494	张小默	2009/5/18
56	78	办公耗材	碳粉	CL46	18	5	90	张小默	2009/2/18
57	84	办公设备	大明投影仪	RCE9	3980	1	3980	张小默	2009/4/18
58	85	畅想系列	网络产品	RT89	1499	2	2998	张小默	2009/2/18
59	86	办公耗材	碳粉	HP12	26	6	156	张小默	2009/2/18
60	94	畅想系列	亿全服务器	V202	6300	6	37800	张小默	2009/2/18
61	97	畅想系列	X系列笔记	X300C	6849	1	6849	张小默	2009/4/18
62	98	畅想系列	家用电脑	D102A	3650	1	3650	张小默	2009/2/18
63	99	畅想系列	打印机	K3	1350	2	2700	张小默	2009/2/18

图 2-39　选择张小默的销售金额数据

3. 用同样的方法完成另外两位业务员文奕媛和徐哲的销售金额统计。

4. 选择“销售总表”的 B5 单元格，然后单击“开始”选项卡中的自动求和按钮 Σ 自动求和 ▾，在下拉列表中选择“求和”函数，系统自动选择对 B2：B4 单元格进行求和，如图 2-40 所示，按回车键确认。

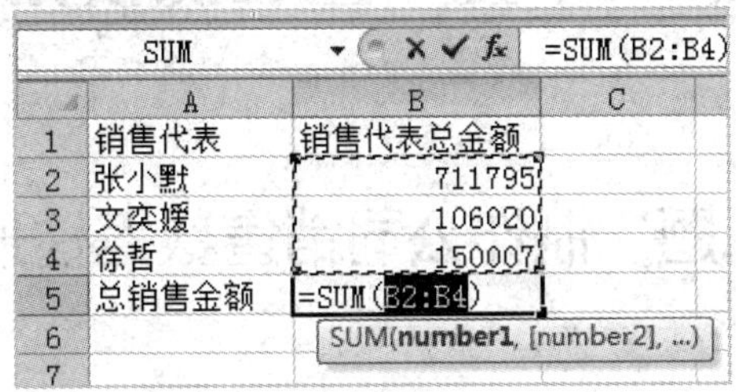

图 2-40　编辑“求和”函数

5. 选择“销售总表”中的销售数据区域 B2:B5，单击鼠标右键，在弹出的菜单单击中单击“单元格格式”选项，在弹出的“设置单元格格式”对话框中设置单元格的数据类型为“数值”，保留 1 位小数，并使用千分位分隔符，如图 2-41 所示。

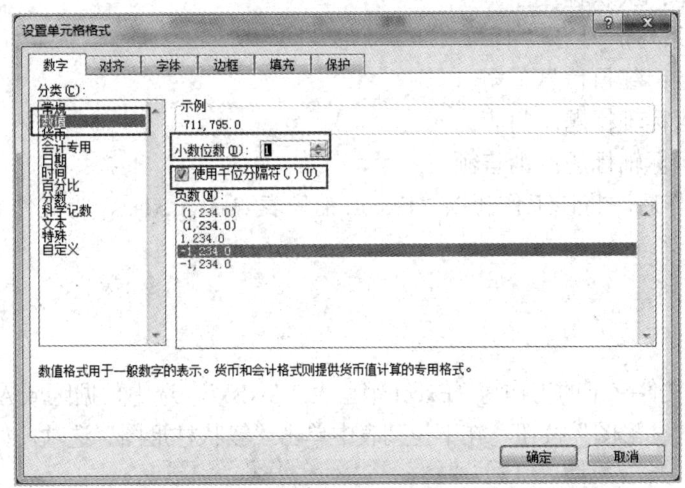

图 2-41　设置单元格的显示格式

6. 完成以上操作后，选择“文件”→“另存为”命令，将该工作簿以“Excel 销售表 2-3_jg.xlsx”为文件名保存到考生文件夹下。

三、效果图

销售统计表最终效果图为图 2-42 所示。

	A	B
1	销售代表	销售代表总金额
2	张小默	711,795.0
3	文奕媛	106,020.0
4	徐哲	150,007.0
5	总销售金额	967,822.0

图 2-42　销售统计表效果图

第二单元　图表的使用

第 7 题　制作公司销售数据柱形图

一、操作要求

打开考生文件夹下的工作簿“Excel 销售表 3-3.xlsx”，在当前表中建立数据的图表，要求如下：

(1) 图标类型：簇状柱形图。

(2) 图例项(系列)产生于“行”。

(3) 图表标题：红日信息公司。

(4) 主要横坐标轴标题：门店。

(5) 主要纵坐标轴标题：销售额。

完成以上操作后，将该工作簿以“Excel_销售表 3-3_jg.xlsx”为文件名保存到考生文件夹下。

二、操作步骤

1. 打开考生文件夹下的工作簿“Excel 销售表 3-3.xlsx”，选中数据区域 A1:E5，单击“插入”选项卡中的“柱形图”按钮，在下拉列表中单击“簇状柱形图”选项，如图 2-43 所示。

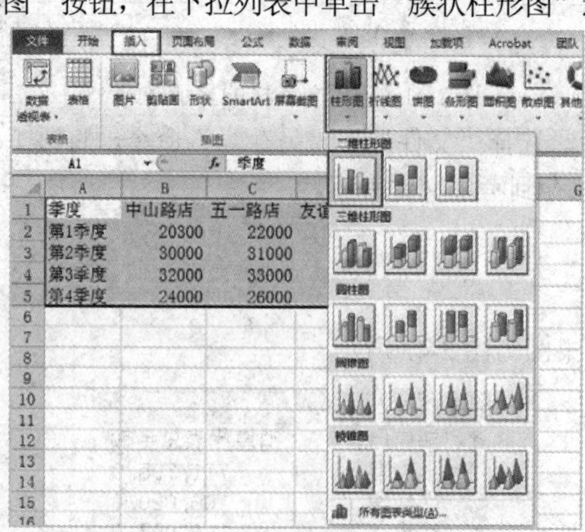

图 2-43　插入“簇状柱形图”

2. 检查图例项是否产生于“行”。如果图例项产生于“列”，则单击“设计”选项卡中的“切换行/列”按钮。

3. 单击“布局”选项卡中的“图表标题”按钮，在下拉列表中单击“图表上方”选项，如图 2-44 所示，然后在标题栏中输入文字“红日信息公司”。

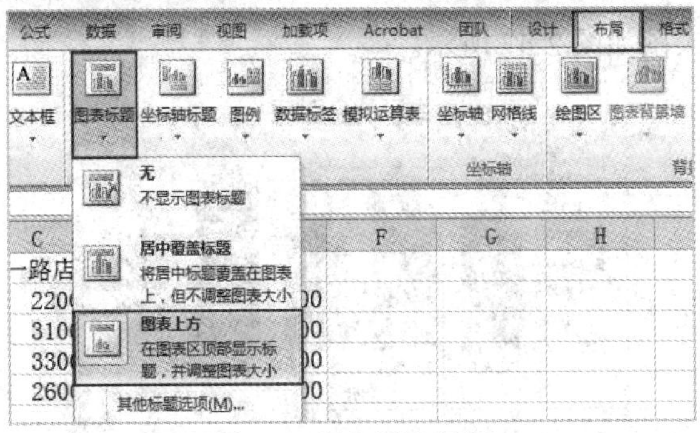

图 2-44 插入图表标题

4. 单击“布局”选项卡中的“坐标轴标题”按钮，在下拉列表中单击“主要横坐标轴标题”选项，再在下拉列表中单击“坐标轴下方标题”选项，如图 2-45 所示，然后在横坐标轴标题上输入文字“门店”。

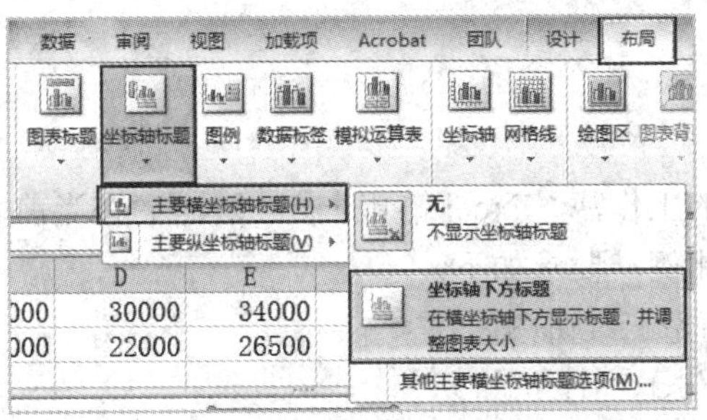

图 2-45 插入横坐标轴标题

5. 单击“布局”选项卡中的“坐标轴标题”按钮，在下拉列表中单击“主要纵坐标轴标题”选项，再在下拉列表中单击“旋转过的标题”选项，如图 2-46 所示，然后在纵坐标轴标题上输入文字“销售额”。

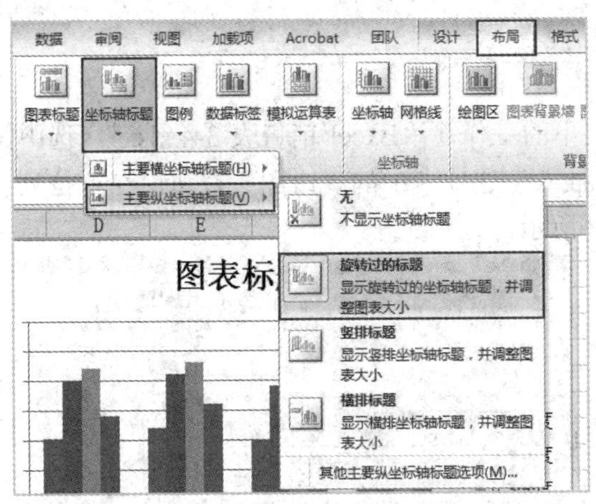

图 2-46 插入纵坐标轴标题

6. 完成以上操作后，选择“文件”→“另存为”命令，将该工作簿以“Excel_销售表 3-3_jg.xlsx”为文件名保存到考生文件夹下。

三、效果图

销售统计图表效果图如图 2-47 所示。

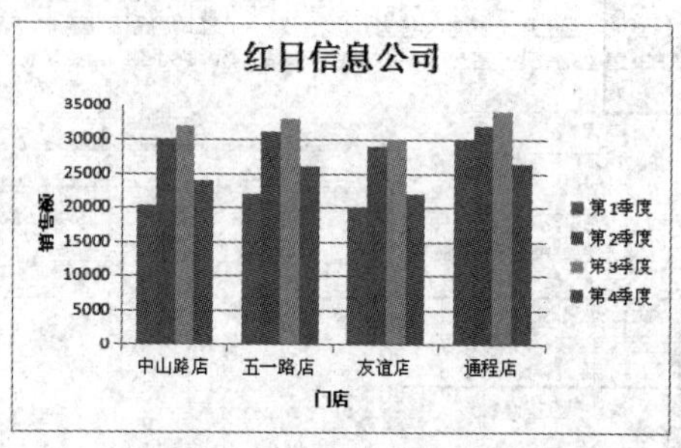

图 2-47　销售统计图表效果图

第 8 题　制作季度销售数据三维饼图

一、操作要求

打开考生文件夹下的工作簿“Excel 销售表 3-4.xlsx”，在当前表中插入图表，显示第 1 季度各门店销售额所占比例，要求如下：

(1) 图标类型：分离型三维饼图。

(2) 图例项(系列)产生于“行”。

(3) 图表标题：1 季度销售对比图。

(4) 数据标签：要求显示类别名称、值、百分比。

完成以上操作后，将该工作簿以“Excel_销售表 3-4_jg.xlsx”为文件名保存到考生文件夹下。

二、操作步骤

1. 打开考生文件夹下的工作簿“Excel 销售表 3-4.xlsx”，选中第一季度各门店销售数据 A1:E2，然后单击“插入”选项卡中的“饼图”按钮，在下拉列表中单击“分离型三维饼图”选项，如图 2-48 所示。

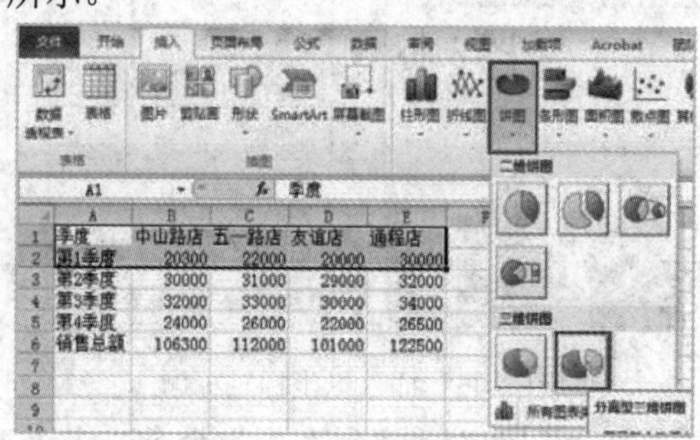

图 2-48　插入分离型三维饼图

2. 检查图例项是否产生于“行”。如果图例项产生于“列”，则单击“设计”选项卡中的“切换行/列”按钮。

3. 单击“布局”选项卡“图表标题”按钮，在下拉列表中单击“图表上方”选项，如图 2-49 所示，然后在标题栏中输入文字“1 季度销售对比图”。

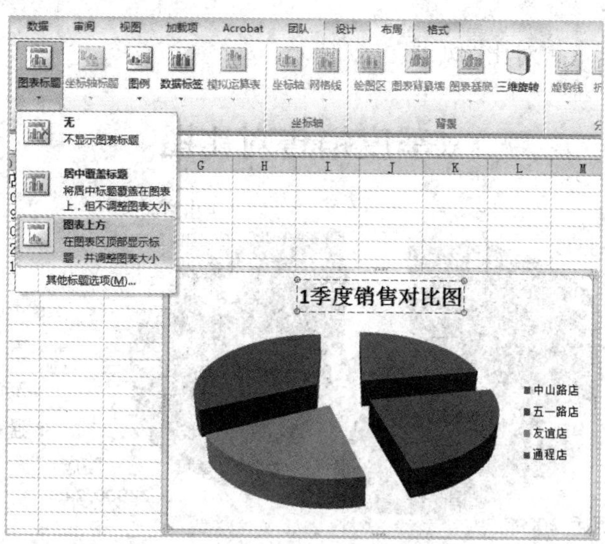

图 2-49　为图表添加标题

4. 选中图表的任意位置，单击“布局”选项卡中的“数据标签”按钮，在下拉列表中单击“其他数据标签选项”选项，如图 2-50 所示；然后在弹出的“设置数据标签格式”对话框中勾选“类别名称”“值”“百分比”和“数据标签外”选项，如图 2-51 所示。

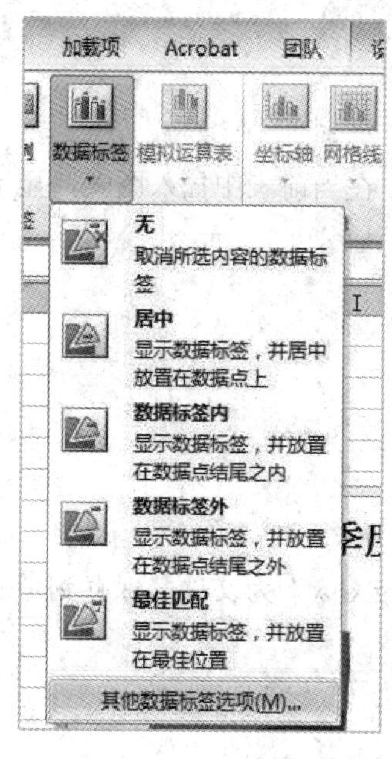

图 2-50　添加数据标签

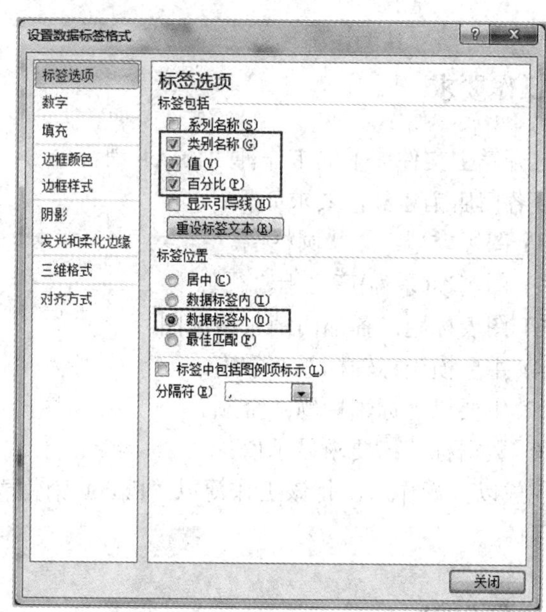

图 2-51　设置数据标签格式

5. 完成以上操作后，选择“文件”→“另存为”命令，将该工作簿以“Excel_销售表3-4_jg.xlsx”为文件名保存到考生文件夹下。

三、效果图

制作好的1季度销售对比图如图2-52所示。

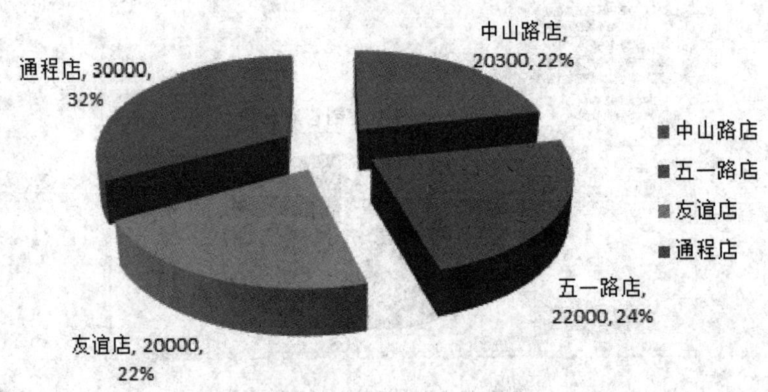

图2-52 1 季度销售对比图

第9题 制作部门销售统计柱形图

一、操作要求

打开考生文件夹下的工作簿“Excel 销售表 3-5.xlsx”，在当前表中插入图表，显示四个季度各门店销售额，要求如下：

(1) 图标类型：簇状圆柱图。

(2) 图例项(系列)产生于“行”。

(3) 图表标题：各部门销售情况图。

(4) 主要横坐标轴标题：季度。

(5) 主要纵坐标轴标题：金额。

(6) 数据标签：要求显示值。

完成以上操作后，将该工作簿以“Excel_销售表 3-5_jg.xlsx”为文件名保存到考生文件夹下。

二、操作步骤

1. 打开考生文件夹下的工作簿“Excel 销售表 3-5.xlsx”，将光标置于数据区域内的任意一个单元格，然后单击“插入”选项卡中的“柱形图”按钮，在下拉列表中单击“簇状圆柱图”选项，如图 2-53 所示。

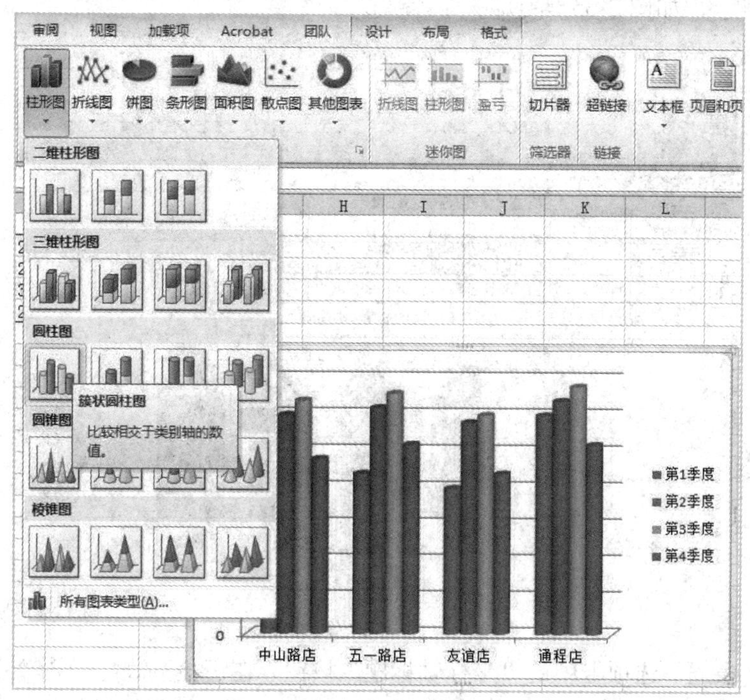

图 2-53　插入簇状圆柱图

2. 检查图例项是否产生于“行”。如果图例项产生于“列”，则单击“设计”选项卡中的“切换行/列”按钮。

3. 单击“布局”选项卡中的“图表标题”按钮，在下拉列表中选择“图表上方”选项，然后在标题栏中输入文字“各部门销售情况图”，如图 2-54 所示。

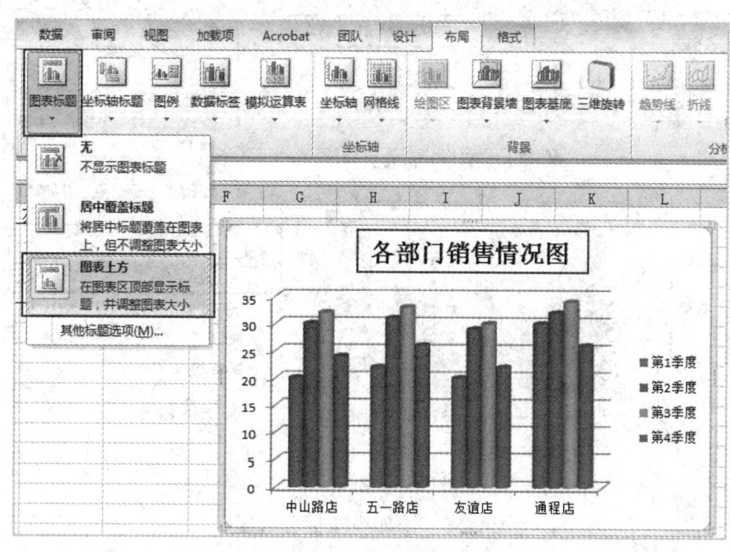

图 2-54　添加图表标题

4. 单击选择“布局”选项卡中的“坐标轴标题”按钮，在下拉列表中单击“主要横坐标标题”选项，再在子下拉列表中单击“坐标轴下方标题”选项，然后在横坐标轴标题处输入文字“季度”，如图 2-55 所示。

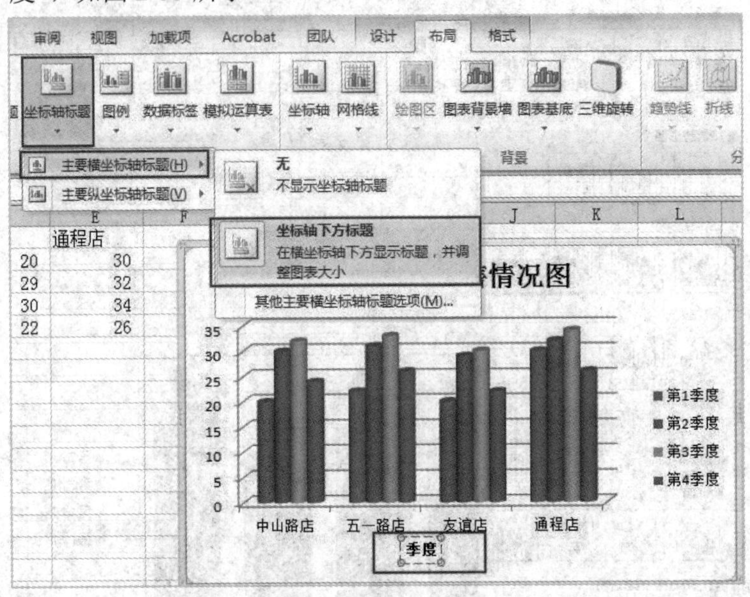

图 2-55 添加横坐标轴标题

5. 单击“布局”选项卡中的“坐标轴标题”按钮，在下拉列表中单击“主要纵坐标标题”选项，再在子下拉列表中单击“横排标题”命令，然后在纵坐标轴标题处输入文字“金额”，如图 2-56 所示。

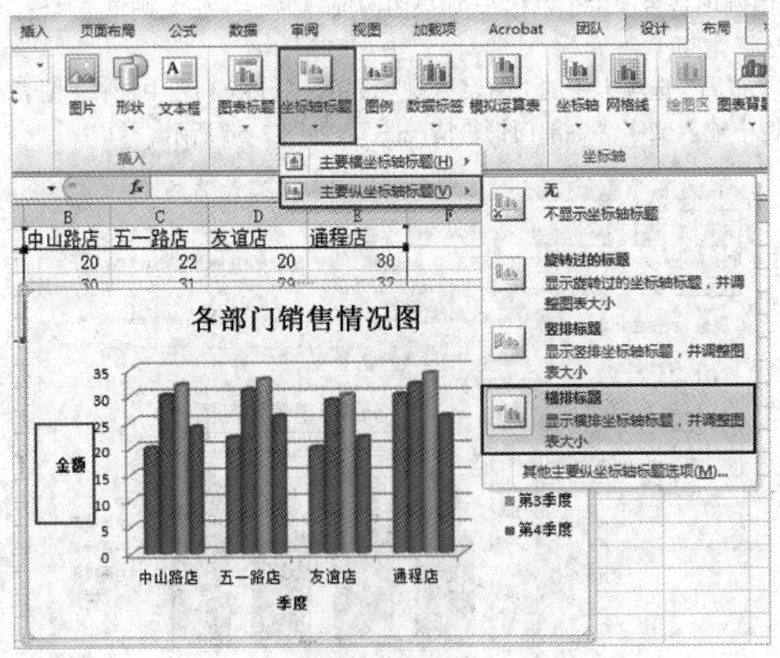

图 2-56 添加纵坐标轴标题

6. 单击“布局”选项卡中的“数据标签”按钮，在下拉列表中单击“其他数据标签选项”选项，然后在弹出的对话框中设置“标签包括”为“值”，如图 2-57 所示。

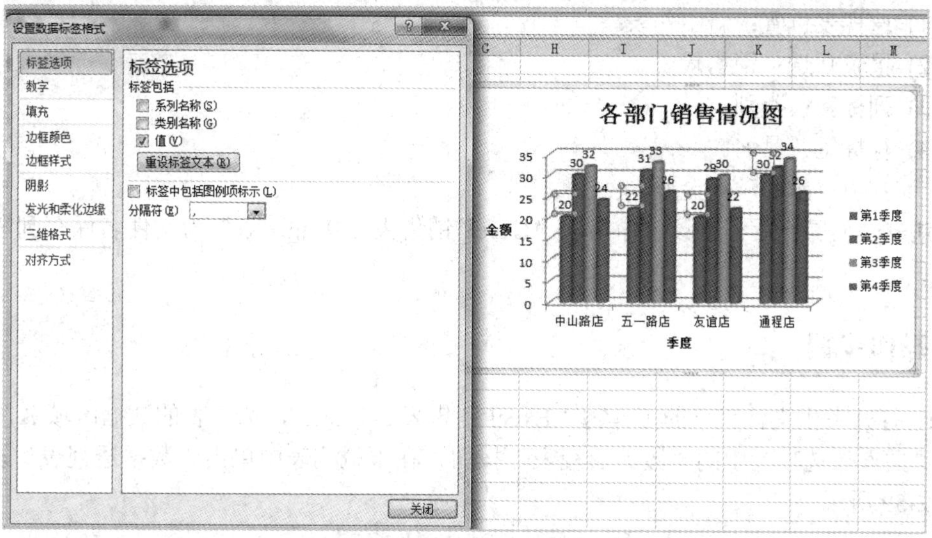

图 2-57 添加数据值标签

7. 完成以上操作后，选择“文件”→“另存为”命令，将该工作簿以“Excel_销售表 3-5_jg.xlsx”为文件名保存到考生文件夹下。

三、效果图

制作好的部门销售统计柱形图如图 2-58 所示。

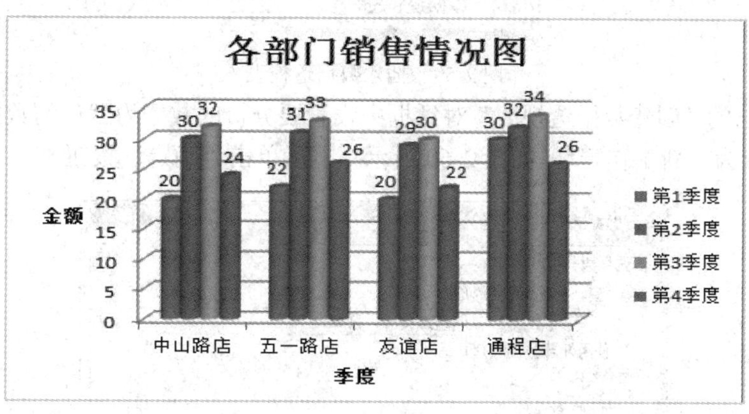

图 2-58 部门销售统计柱形图

第 10 题 创建数据透视表

一、操作要求

打开考生文件夹下的工作簿“Excel 销售表 3-1.xlsx”，对“销售表”建立一个数据透视表，要求如下：

(1) 透视表位置：新工作表。

(2) 报表筛选：销售代表。

(3) 列标签：类别。

(4) 行标签：品名。

(5) 数值：求和项：金额。

完成以上操作后，将该工作簿以“Excel_销售表 3-1_jg.xlsx”为文件名保存到考生文件夹下。

二、操作步骤

1. 打开考生文件夹下的工作簿“Excel 销售表 3-1.xlsx”，选中表的数据区域 A1:I211，单击“插入”选项卡中的“数据透视表”按钮，在下拉列表中单击“数据透视表”选项，如图 2-59 所示。

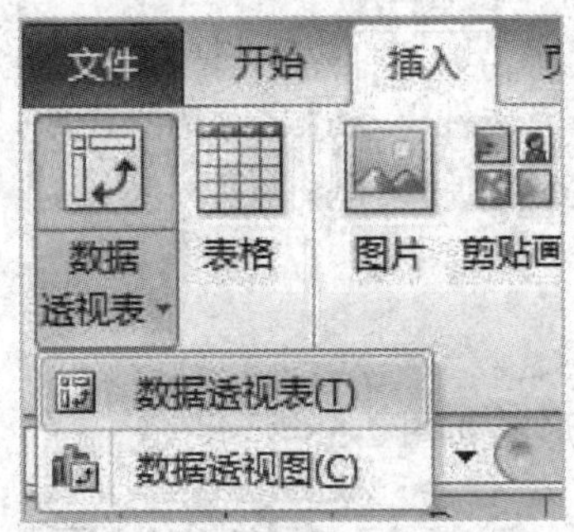

图 2-59　插入数据透视表

2. 在弹出的“创建数据透视表”对话框中设置要分析的数据为默认的数据区域，数据透视表的位置为“新工作表”，如图 2-60 所示，然后单击“确定”按钮。

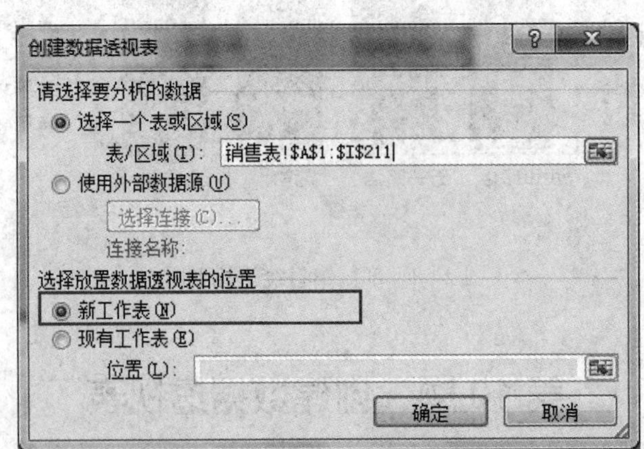

图 2-60　设置数据透视表的位置

3. 在弹出的“数据透视表字段列表”窗口中，选中“销售代表”选项，然后将其拖到“报表筛选”区域，如图 2-61 所示。

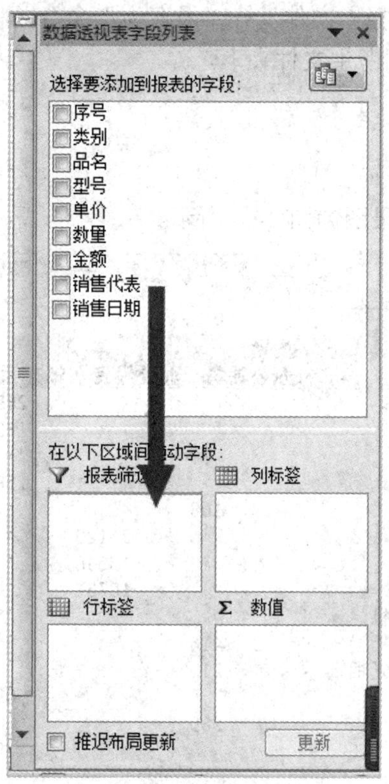

图 2-61　将“销售代表”拖到“报表筛选”区域

4. 按照同样的方法，将“类别”拖到“列标签”区域，“品名”拖到“行标签”区域，将“金额”拖到“数值”区域，如图 2-62 所示，然后单击“更新”按钮。

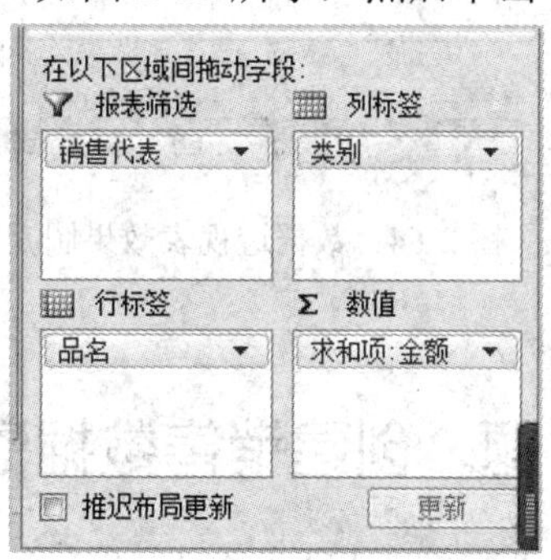

图 2-62　完成数据项布局图

5. 双击对应单元格，修改“行标签”为“品名”，“列标签”为“类别”，如图 2-63 所示。

求和项:金额	类别			
品名	办公耗材	办公设备	畅想系列	总计
T系列笔记本			249974	249974
X系列笔记本			162749	162749
传真纸	78			78
打印机			128578	128578
打印纸	108			108
大明扫描仪		21120		21120

办公耗材 (类别)
列: 办公耗材

图 2-63　修改透视表的行标签和列标签的名称

6. 完成以上操作后，选择“文件”→“另存为”命令，将该工作簿以“Excel_销售表3-1_jg.xlsx”为文件名保存到考生文件夹下。

三、效果图

创建好的数据透视表效果图如图 2-64 所示。

	A	B	C	D	E
1	销售代表	(全部) ▼			
2					
3	**求和项:金额**	**类别** ▼			
4	**品名** ▼	**办公耗材**	**办公设备**	**畅想系列**	**总计**
5	T系列笔记本			249974	249974
6	X系列笔记本			162749	162749
7	传真纸	78			78
8	打印机			128578	128578
9	打印纸	108			108
10	大明扫描仪		21120		21120
11	大明投影仪		16640		16640
12	冬普传真机		10736		10736
13	多功能一体机			23070	23070
14	复印纸	416			416
15	光面彩色激光相纸	213			213
16	家用电脑			53458	53458
17	墨盒	980			980
18	商用电脑			435304	435304
19	数码产品			21462	21462
20	四星复印机		99400		99400
21	碳粉	926			926
22	投影胶片	56			56
23	网络产品			13448	13448
24	硒鼓	6278			6278
25	移动存储			2826	2826
26	亿全服务器			272120	272120
27	优特电脑考勤机		15600		15600
28	**总计**	**9055**	**163496**	**1362989**	**1535540**

图 2-64 数据透视表效果图

第 11 题 创建销售数据透视表

一、操作要求

打开考生文件夹下的工作簿“Excel 销售表 3-2.xlsx”，对“销售表”建立一个数据透视表，要求如下：

(1) 透视表位置：新工作表。

(2) 报表筛选：销售日期。

(3) 列标签：销售代表。

(4) 行标签：类别、品名。

(5) 数值：求和项：金额。

完成以上操作后，将该工作簿以“Excel_销售表 3-2_jg.xlsx”为文件名保存到考生文件夹下。

二、操作步骤

1. 打开考生文件夹下的工作簿“Excel 销售表 3-2.xlsx”，将光标放置在数据表中的任意单元格，单击“插入”选项卡中的“数据透视表”按钮，在下拉列表中单击“数据透视表”选项，在弹出的“创建数据透视表”对话框中设置放置数据透视表的位置为“新工作表”，如图 2-65 所示，然后单击“确定”按钮。

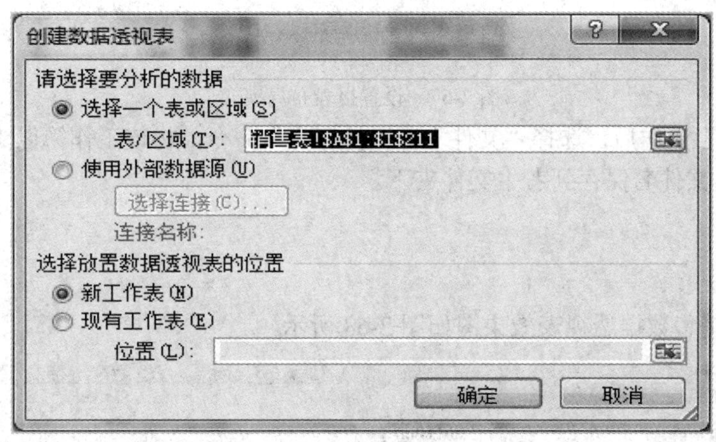

图 2-65 设置“创建数据透视表”对话框

2. 在弹出的“数据透视表字段列表”窗口中，将“销售日期”拖到“报表筛选”区域，将“销售代表”拖到“列标签”区域，将“类别”和“品名”拖到“行标签”区域，将“求和项：金额”拖到“数值”区域，如图 2-66 所示。

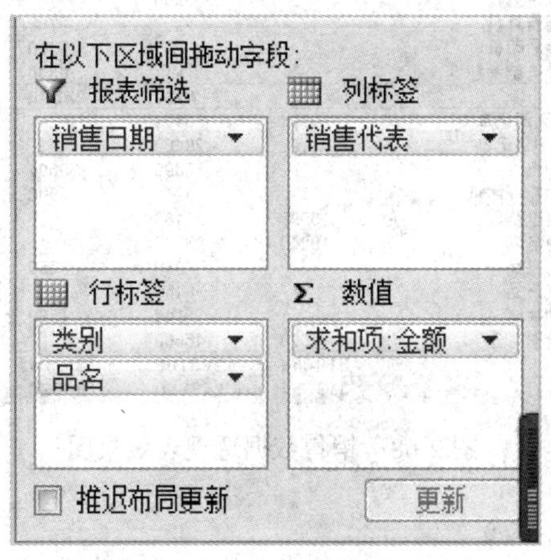

图 2-66 设置数据透视表的字段

3. 选中数据透视表中的任意单元格，单击“设计”选项卡中的“报表布局”按钮，在下拉列表中单击“以表格形式显示”选项，调整数据透视表的布局模式，如图 2-67 所示。

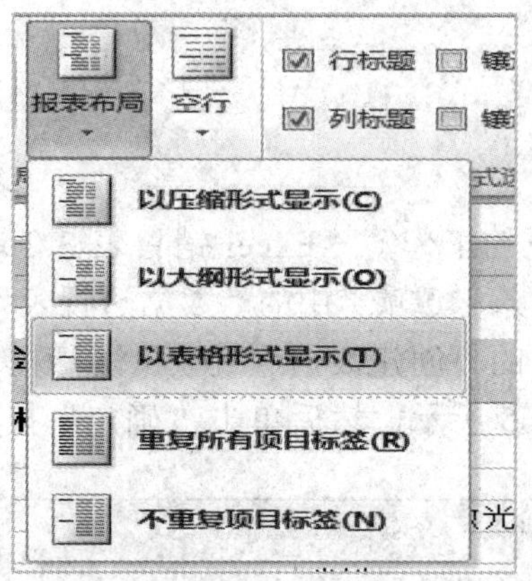

图 2-67　设置报表布局模式

4. 完成以上操作后，选择“文件”→“另存为”命令，将该工作簿以“Excel_销售表 3-2_jg.xlsx”为文件名保存到考生文件夹下。

三、效果图

创建好的销售数据透视表效果图如图 2-68 所示。

	A	B	C	D	E	F	G	H
1	销售日期	(全部)						
2								
3	**求和项:金额**		**销售代表**					
4	**类别**	**品名**	**刘思琪**	**宋晓**	**文楚媛**	**徐哲平**	**张默**	**总计**
5	⊟**办公耗材**	传真纸				78		78
6		打印纸				108		108
7		复印纸			216	200		416
8		光面彩色激光相纸				213		213
9		墨盒				980		980
10		碳粉				680	246	926
11		投影胶片				56		56
12		硒鼓				5920	358	6278
13	**办公耗材 汇总**				**216**	**8235**	**604**	**9055**
14	⊟**办公设备**	大明扫描仪		1400			19720	21120
15		大明投影仪		5900		6760	3980	16640
16		冬普传真机			3780	6956		10736
17		四星复印机			15200	27600	56600	99400
18		优特电脑考勤机			6600	9000		15600
19	**办公设备 汇总**			**7300**	**25580**	**50316**	**80300**	**163496**
20	⊟**畅想系列**	T系列笔记本	59994	53994		27996	107990	249974
21		X系列笔记本	61102	29400			72247	162749
22		打印机		45690	70594		12294	128578
23		多功能一体机		3240	7900		11930	23070
24		家用电脑	13998	28480			10980	53458
25		商用电脑	110240	23800		43092	258172	435304
26		数码产品		960	350	20152		21462
27		网络产品		8450			4998	13448
28		移动存储		146	1380	220	1080	2826
29		亿全服务器	74320	46600			151200	272120
30	**畅想系列 汇总**		**319654**	**240760**	**80224**	**91460**	**630891**	**1362989**
31	**总计**		**319654**	**248060**	**106020**	**150011**	**711795**	**1535540**

图 2-68　销售数据透视表效果图

第三部分

PowerPoint 演示文稿软件应用

第一单元　文稿的基本编辑

第 1 题　制作电信业务介绍 PPT

一、操作要求

打开考生文件夹中的“pp12.pptx”文件，完成以下操作：

(1) 在第一张幻灯片前插入一张版式为“标题和内容”的幻灯片，标题为“中国电信业务”，字体为楷体，字号 32。内容为以下文字：

- 电话业务
- 互联网数据业务
- 电话卡业务
- 小灵通
- 移动业务

(2) 在第一张幻灯片中添加考生文件夹中的声音文件“pp12.wav”。要求：“放映时隐藏”“循环放映，直到停止”“跨幻灯片播放”。

(3) 将第四张幻灯片移至最后；以第一张幻灯片中的每一行文字为超链接目录，对应后面五张幻灯片的标题，创建超链接。

(4) 对全部幻灯片应用设计主题：流畅。

完成以上操作后，以“电信业务.pptx”为文件名保存到考生文件夹中。

二、操作步骤

1. 打开考生文件夹中的“pp12.pptx”文件，将光标放在第一章幻灯片的上方，然后单击“开始”选项卡中的“新建幻灯片”按钮，在下拉列表中单击“标题幻灯片”版式，如图 3-1 所示。

2. 单击新建幻灯片的标题，输入文字“中国电信业务”，然后设置字体为楷体，字号为 32，如图 3-2 所示。

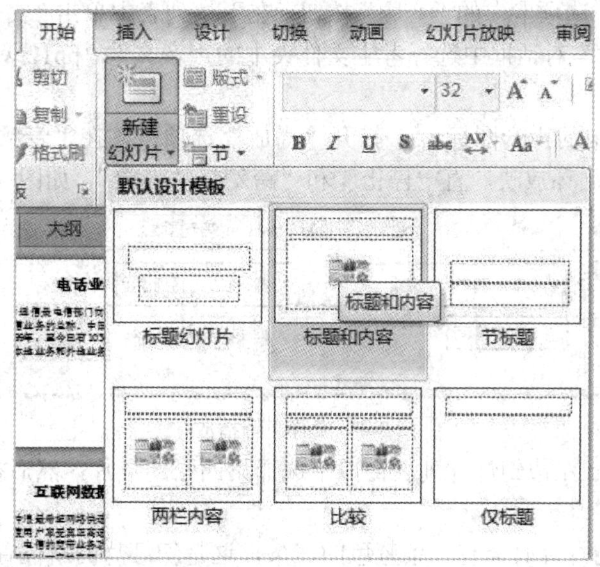

图 3-1　插入新的幻灯片

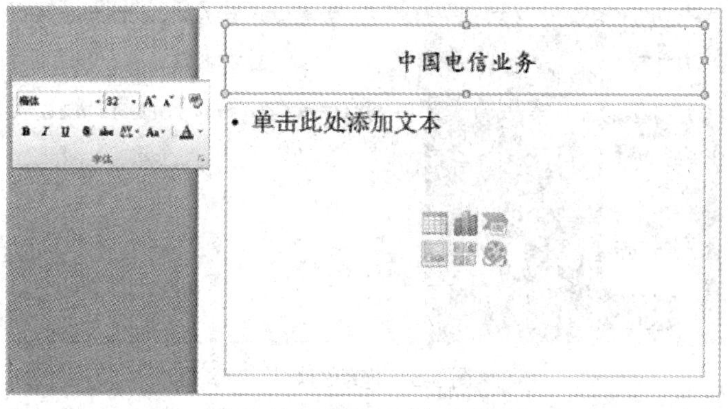

图 3-2　添加幻灯片标题文字

3. 在幻灯片的内容处添加文字“电话业务”“互联网数据业务”“电话卡业务”“小灵通”“移动业务”，如图 3-3 所示。

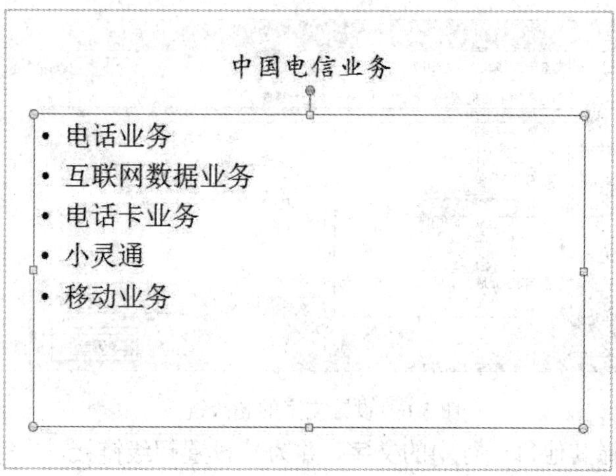

图 3-3　为幻灯片添加文字

4. 单击“插入”选项卡中的“音频”按钮，在下拉列表中单击“文件中的音频”选项，在弹出的“选择文件”对话框中选择考生文件夹中的声音文件“pp12.wav”，然后单击“确定”按钮。

5. 选中幻灯片中的声音图标，打开“播放”选项卡，在“音频选项”工具组中设置“放映时隐藏”“循环放映，直一停止”和“跨幻灯片播放”，如图 3-4 所示。

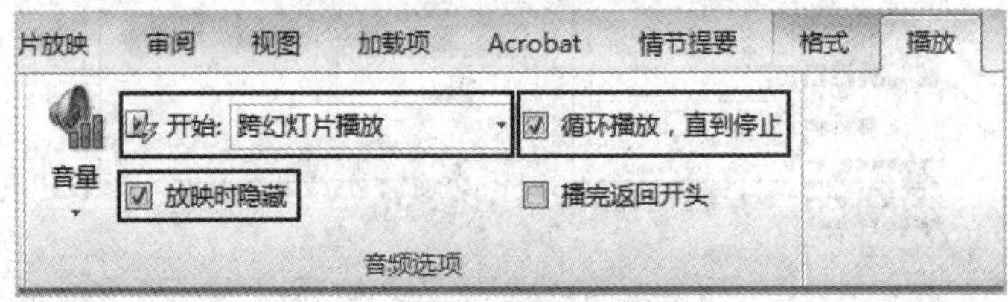

图 3-4　设置声音播放

6. 在 Powerpoint 左边幻灯片列表窗口中选择第四张幻灯片，然后拖动幻灯片到最后，如图 3-5 所示。

【注意】拖动幻灯片时会有一条蓝色的线条，这是幻灯片的新位置。在拖动过程中如果这条线已经到达合适的位置就松开鼠标。

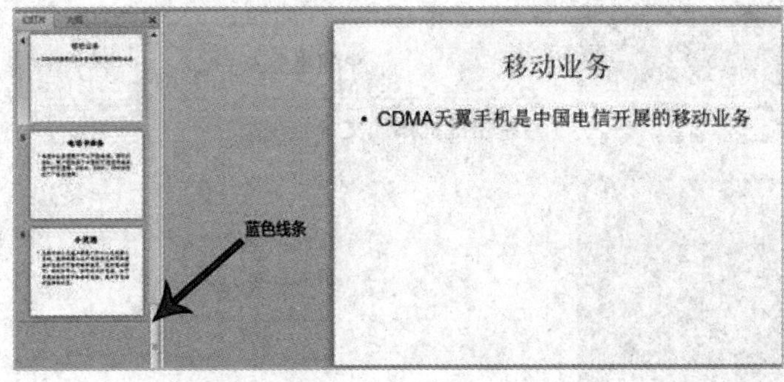

图 3-5　拖动幻灯片

7. 选中第一张幻灯片中的“电话业务”文字，然后单击鼠标右键，在弹出菜单中单击“超级链接”命令，在弹出的“插入超链接”对话框中设置链接目标为第二张幻灯片，如图 3-6 所示，然后点击“确定”按钮。

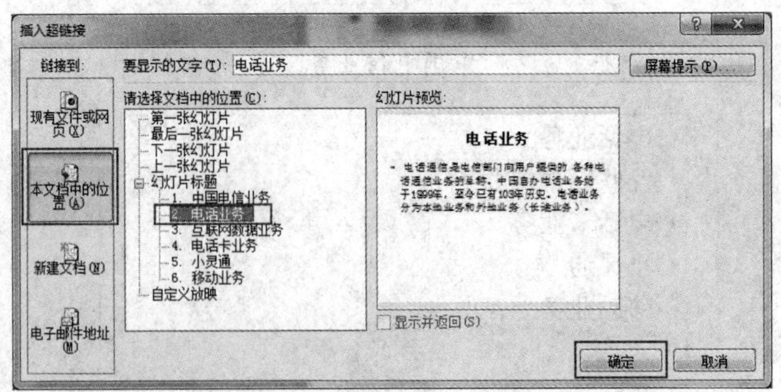

图 3-6　设置文字的超级链接

8. 然后依次选择其他每一行中的文字，并为其设置超级链接，让每一行文字链接到对应的一张幻灯片上，如图 3-7 所示。

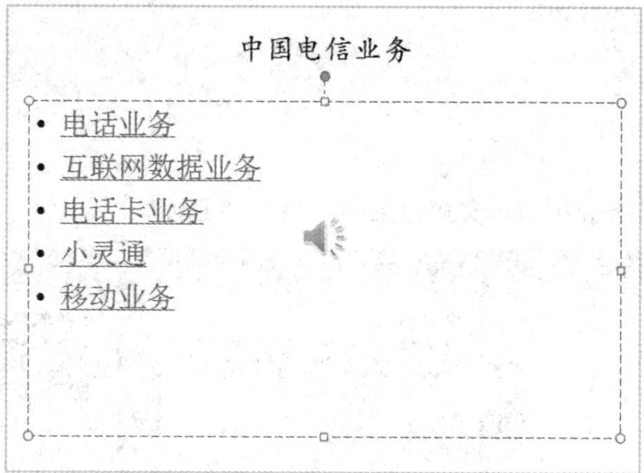

图 3-7　为每一行文字添加超级链接

9. 选中窗口左边幻灯片列表中的所有幻灯片，然后单击“设计”选项卡中“其他主题”按钮，如图 3-8 所示。然后在下拉列表中选择“流畅”主题，如图 3-9 所示。

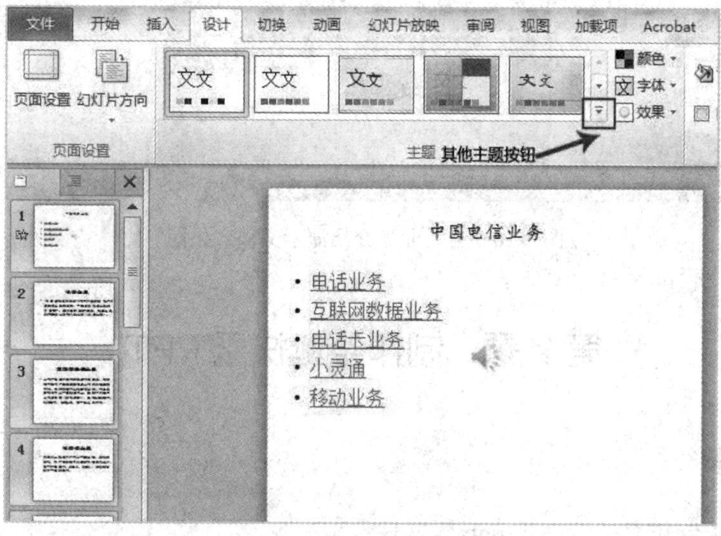

图 3-8　设置幻灯片的主题

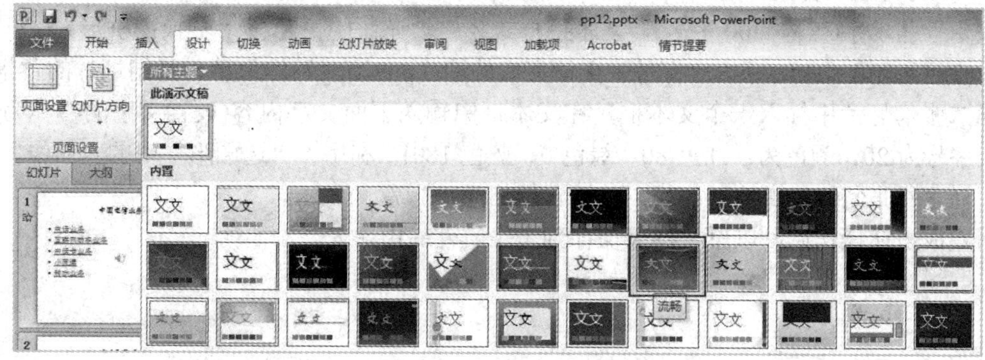

图 3-9　选择“流畅”主题

10. 完成以上操作后，选择“文件”→“另存为”命令，将该文档以“电信业务.pptx”

为文件名保存到考生文件夹中。

三、效果图

制作好的电信业务介绍演示文稿效果图为图 3-10 所示。

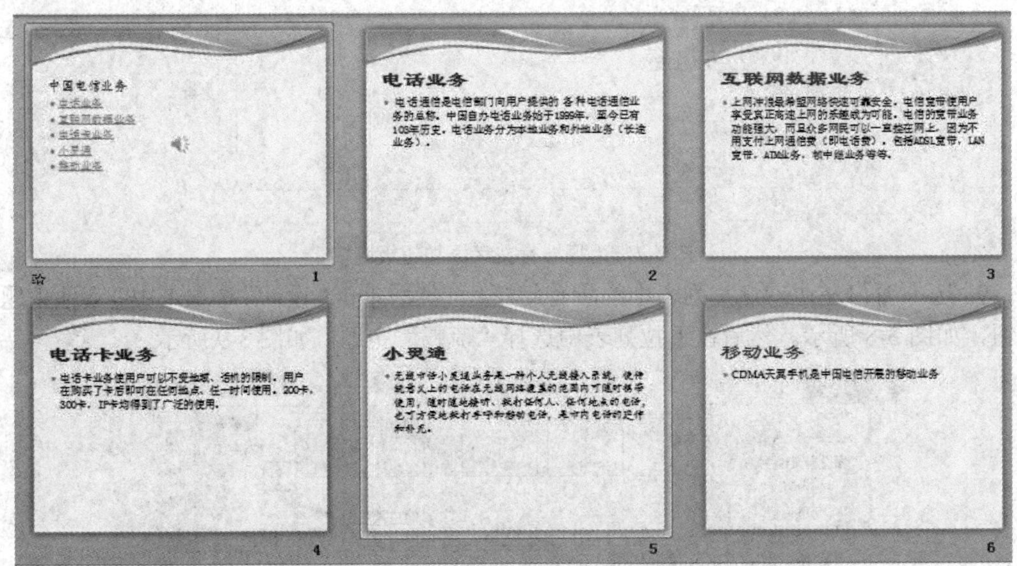

图 3-10　电信业务介绍演示文稿效果图

第 2 题　制作圣诞快乐 PPT

一、操作要求

按下列要求制作“圣诞快乐.pptx”文件：

(1) 将考生文件夹中的图“pp91.jpg”作为第一张幻灯片的背景，再在幻灯片中插入“圣诞快乐”艺术字(黑体，60 字号)，艺术字样式为“填充-白色.投影”“转换：桥形”。

(2) 插入第二张幻灯片，将考生文件夹中的图“pp92.jpg”作为第二张幻灯片的背景；在第二张幻灯片中插入一个文本框，在文本框中输入下面文字内容(设置文字的字体为楷体，字号为 20，颜色为：红色 80、绿色 0、蓝色 180)；利用“自选图形”中的“曲线”工具，在第二张幻灯片中绘制曲线，并设置粗细为“3 磅”。

完成上述操作后，以原文件名保存到考生文件夹中。

二、操作步骤

1. 在考生文件夹中单击鼠标右键，在弹出菜单中单击“新建”命令子菜单中的“Microsoft PowerPoint 演示文稿”命令，如图 3-11 所示。然后在“新建文件”名中输入文件名“圣诞快乐.pptx”。

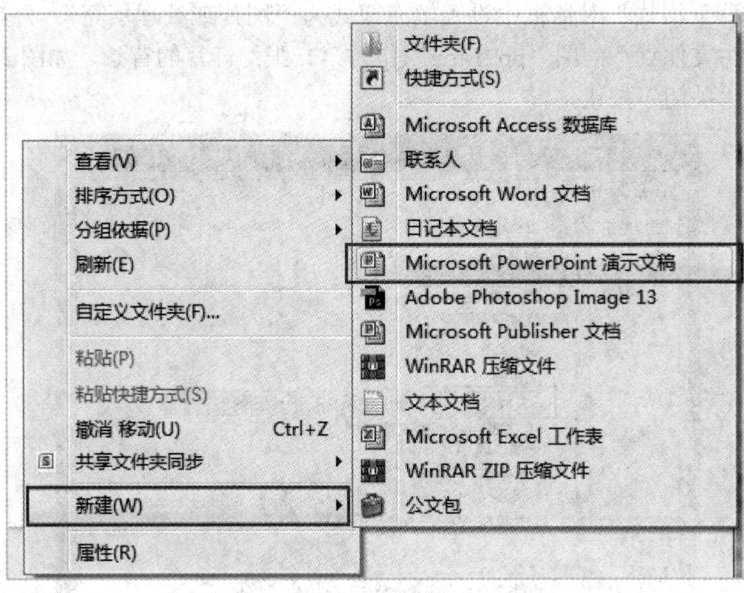

图 3-11 新建演示文稿

2. 双击鼠标左键打开“圣诞快乐.pptx”文件，在“开始”选项卡中单击“新建幻灯片”按钮，在下拉列表中单击“空白”版式，如图 3-12 所示，新建一张幻灯片。

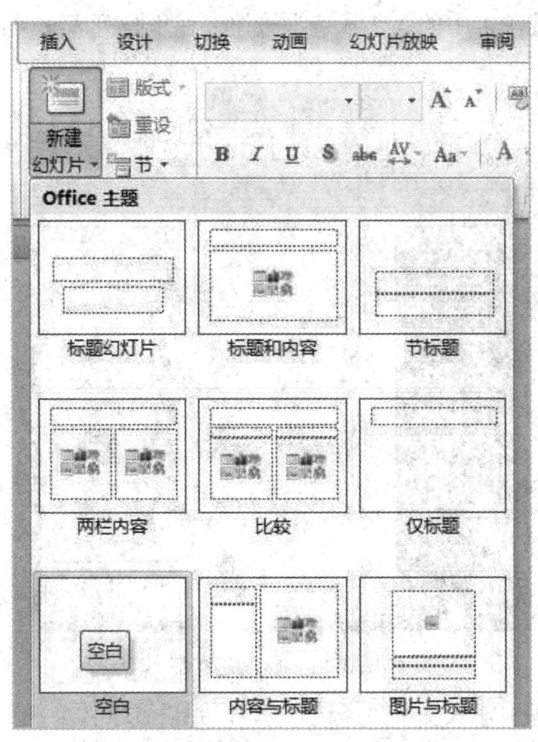

图 3-12 新建幻灯片

3. 在新建幻灯片的空白处单击鼠标右键，在弹出菜单中单击“设置背景格式”命令，然后在“设置背景格式”对话框中设置填充模式为“图片或纹理填充”。再单击“文件”按钮，选择考生文件夹下的图“pp91.jpg”作为第一张幻灯片的背景，如图 3-13 所示，设置完成后单击“关闭”按钮。

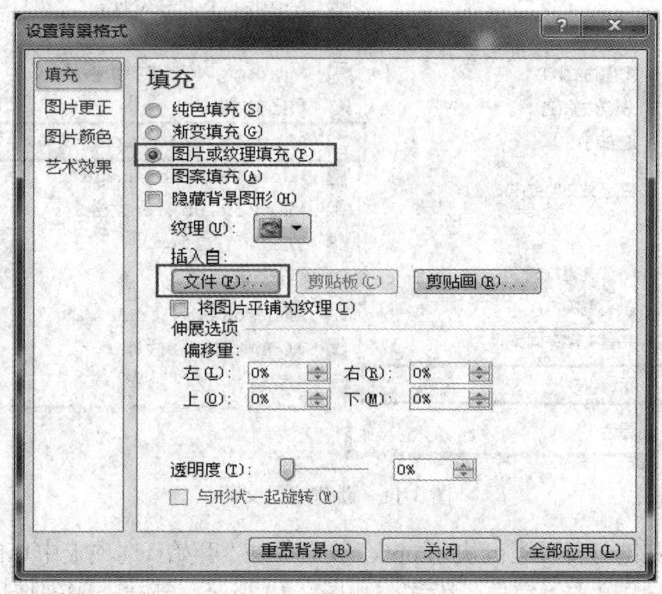

图 3-13 设置幻灯片背景

4. 单击“插入”选项卡中的“艺术字”按钮，在下拉列表中单击“填充-白色，投影”样式，如图 3-14 所示。

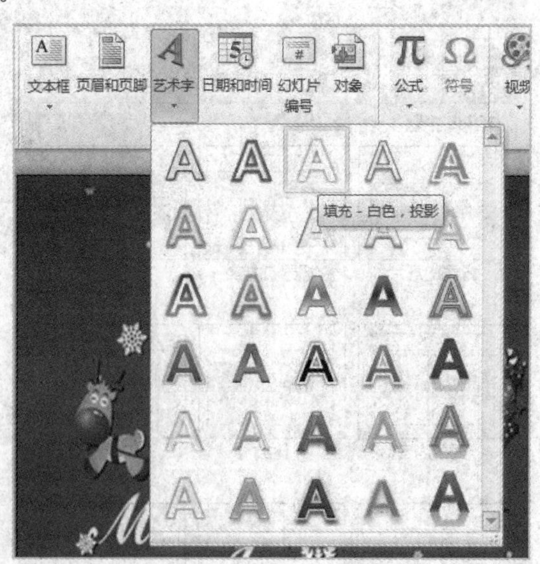

图 3-14 插入艺术字

5. 在艺术字编辑框中输入文字“圣诞快乐”，并设置字体为黑体、字号为 60 号。

6. 选中文字，然后单击“格式”选项卡中“艺术字样式”工具组中的“文本效果”按钮，在下拉列表中单击“转换”选项中的“桥形”选项，如图 3-15 所示。

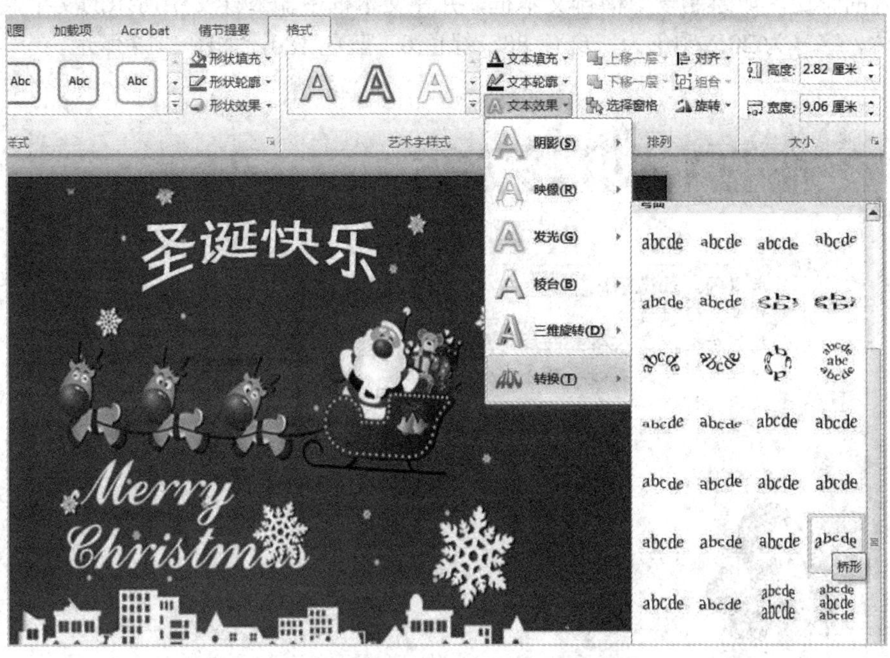

图 3-15　设置艺术字的转换效果

7. 单击“开始”选项卡中的“新建幻灯片”按钮，在下拉列表中单击“空白”版式。在幻灯片的空白区单击鼠标右键，单击弹出菜单中“设置背景格式”命令，然后在弹出的“插入图片”对话框中将考生文件夹中的图“pp92.jpg”设置为第二章幻灯片的背景，如图 3-16 所示，设置完成后单击“关闭”按钮。

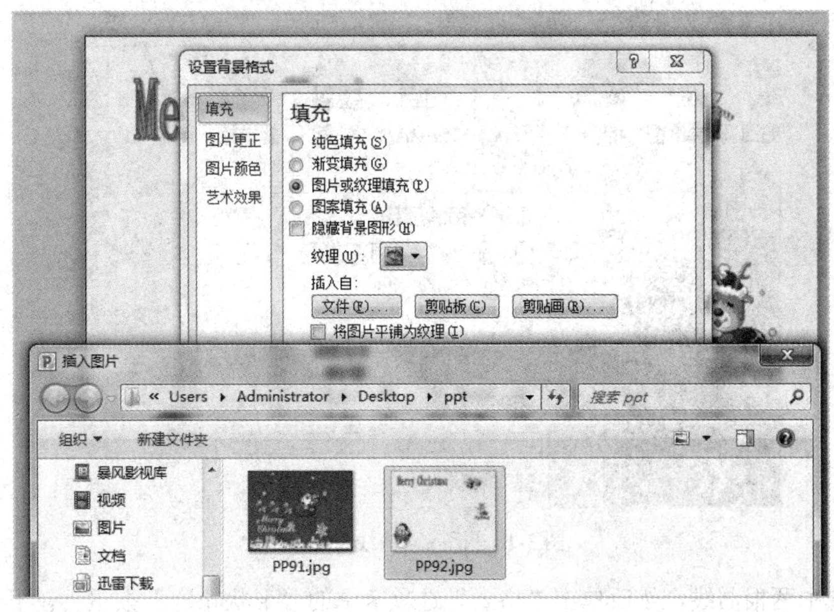

图 3-16　设置第二张幻灯片的背景

8. 单击“插入”选项卡中的“文本框”按钮，在下拉列表中单击“横排文本框”选项，在幻灯片的空白区域绘制一个横排文本框，并在文本框中输入样文中所示的文字，设置字体为楷体、字号为20，颜色为：红色80、绿色0、蓝色180，如图3-17所示。

图3-17　添加文字并设置文字字体

9. 单击“插入”选项卡中的“形状”按钮，在下拉列表中单击“曲线”选项，如图3-18，在幻灯片中绘制两根如样文所示的曲线。

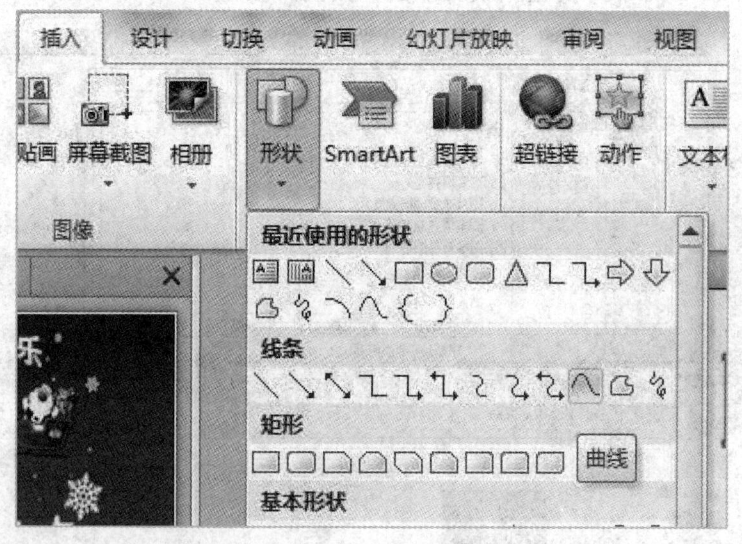

图3-18　插入“曲线”图形

10. 选中两根曲线，然后单击“格式”选项卡中的“形状轮廓”按钮，在下拉列表中单击“粗细”选项中的“3磅”，如图3-19所示。

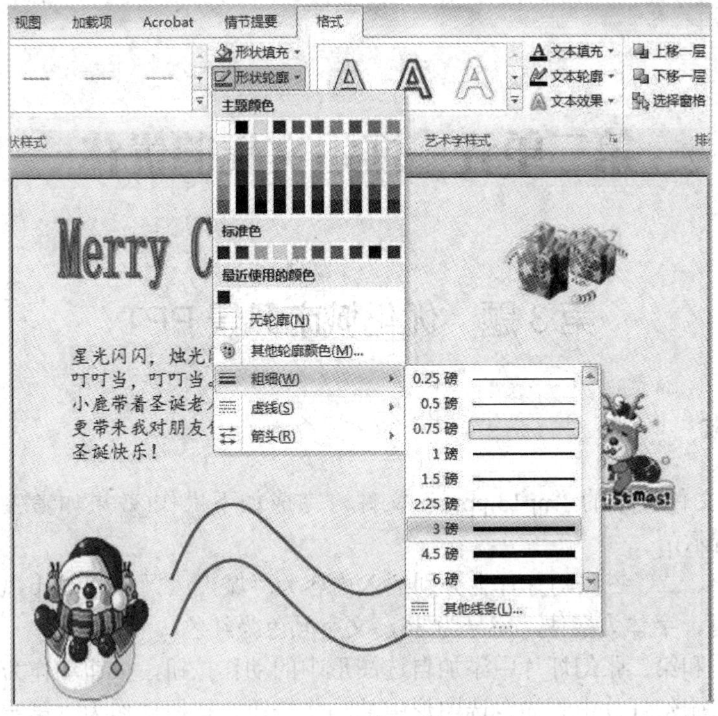

图 3-19　设置曲线的粗细

11. 完成以上操作后，选择“文件”→“保存”命令，或者按 Ctrl + S 组合键，保存当前演示文稿。

三、效果图

制作好的圣诞快乐幻灯片效果图为图 3-20 所示。

图 3-20　圣诞快乐幻灯片效果图

第二单元　演示文稿的优化

第3题　优化城市风景PPT

一、操作要求

打开考生文件夹中的“pp13.pptx”文件，完成如下操作(效果如考生文件夹下的图“pp13.jpg”所示)：

(1) 在第一、二、三张幻灯片上分别插入内容为“城市风景1”“城市风景2”“城市风景3”的文本框，字体为楷体，字号为36，文字颜色为红色。

(2) 在第一和第二张幻灯片中添加自选图形中的动作按钮，按钮动作为“下一项”。

(3) 在第二张幻灯片中添加自选图形中的动作按钮，按钮动作为“第一张”。

(4) 在第三张幻灯片中添加两个自选图形中的动作按钮，按钮动作为“上一项”和“后退”。

完成以上操作后，以“城市.pptx”为文件名保存到考生文件夹中。

二、操作步骤

1. 打开考生文件夹中的“pp13.pptx”文件，选择第一张幻灯片中的图片，然后将光标移动到图片的右下角，按住鼠标左键缩小图片到样文所示的大小，如图3-21所示，再将缩小后的图片拖动到样文所示的位置。

图3-21　调整图片的大小

2. 单击“插入”选项卡中的“文本框”按钮，在下拉列表中单击“横排文本框”选项，在窗口的左上角绘制一个横排文本框，并录入文字“城市风景 1”，然后设置文字的字体为楷体、字号为 36、颜色为红色，如图 3-22 所示。

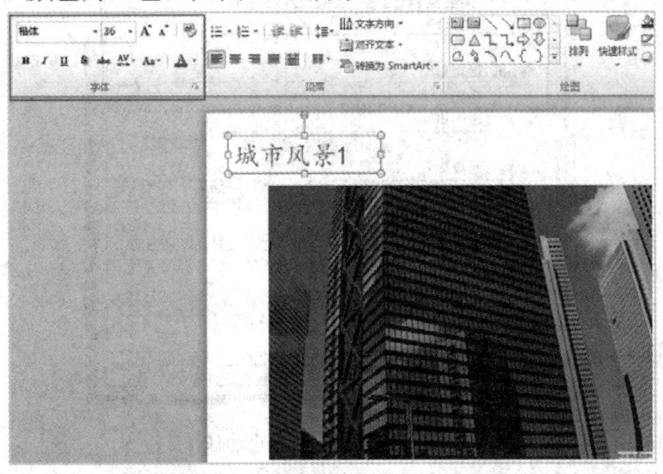

图 3-22 录入文字并设置字体

3. 按照前两步的操作方法，分别为第二张、第三张幻灯片添加文字“城市风景 2”“城市风景 3”。

4. 选中第一张幻灯片，单击“插入”选项卡中的“形状”按钮，在下拉列表中单击“动作按钮”中的下一页按钮▷，如图 3-23 所示，然后在窗口的右下角绘制该按钮。

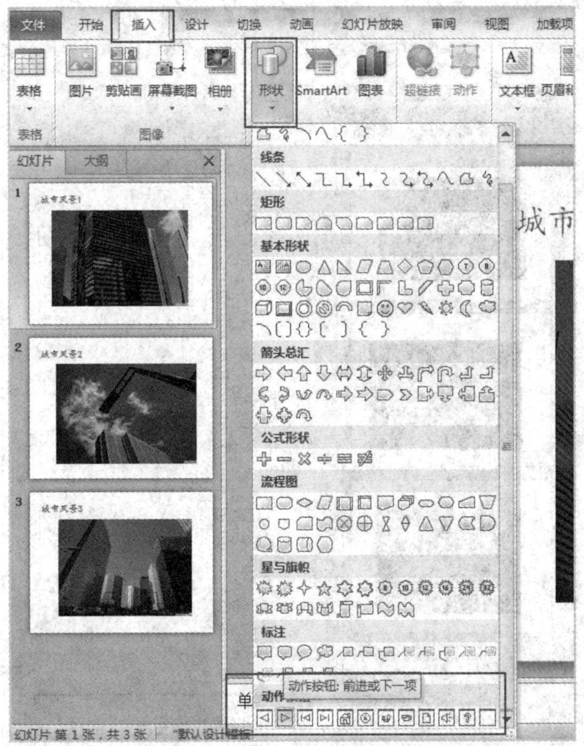

图 3-23 插入下一项动作按钮

5. 按钮绘制完毕后，自动弹出“动作设置”对话框，如图 3-24 所示。在该对话框中设置“单击鼠标时的动作”为“超链接到下一张幻灯片”，设置完成后单击“确定”按钮。

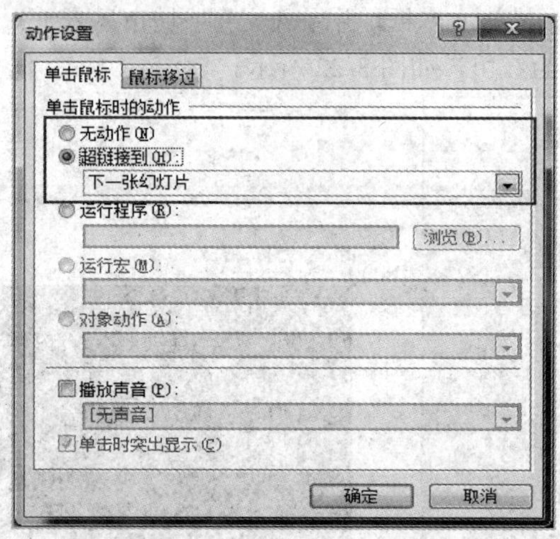

图 3-24 设置按钮的动作

6. 选中当前按钮，按 Ctrl + C 组合键进行复制，然后选择第二张幻灯片，按 Ctrl + V 组合键进行粘贴。

7. 选中第二张幻灯片，单击“插入”选项卡中的“形状”按钮，在下拉列表中单击动作按钮中的第一张按钮，如图 3-25 所示，然后在窗口的右下角绘制该按钮。

图 3-25 插入第一张动作按钮

8. 按钮绘制完毕后，自动弹出“动作设置”对话框，如图 3-26 所示。在该对话框中设置“单击鼠标时的动作”为“超键接到第一张幻灯片”，设置完成后单击“确定”按钮。

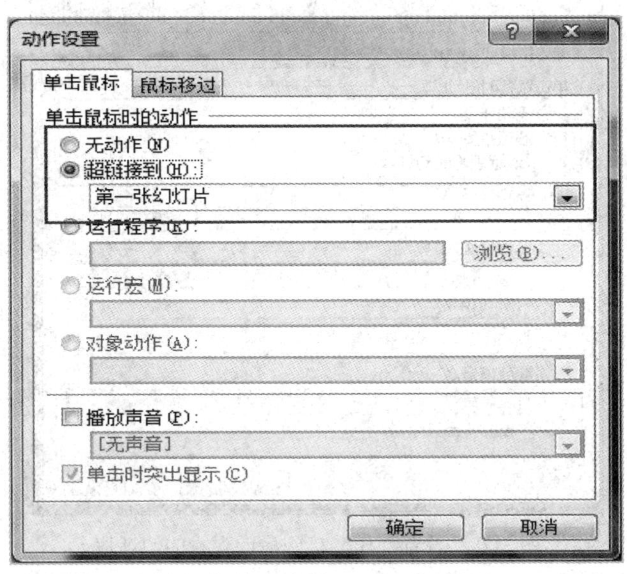

图 3-26 按钮的动作设置

9. 选中第三张幻灯片，单击“插入”选项卡中的“形状”按钮，在下拉列表中单击“动作按钮”中的后退按钮◁，然后在窗口的右下角绘制按钮，并设置动作链接到“上一张幻灯片”，如图 3-27 所示。

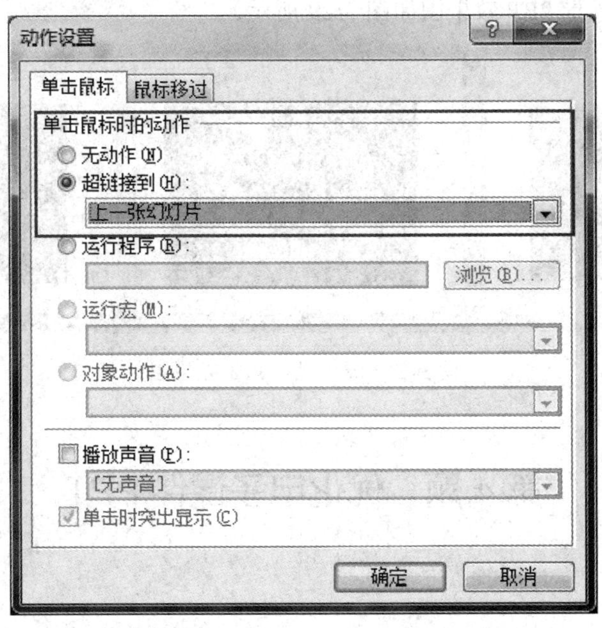

图 3-27 设置动作链接到上一张幻灯片

10. 单击“插入”选项卡中的“形状”选项，在下拉列表中单击“动作按钮”中的上一张按钮，然后在窗口的右下角绘制按钮，并设置动作链接到“最近观看的幻灯片”，如图 3-28 所示。

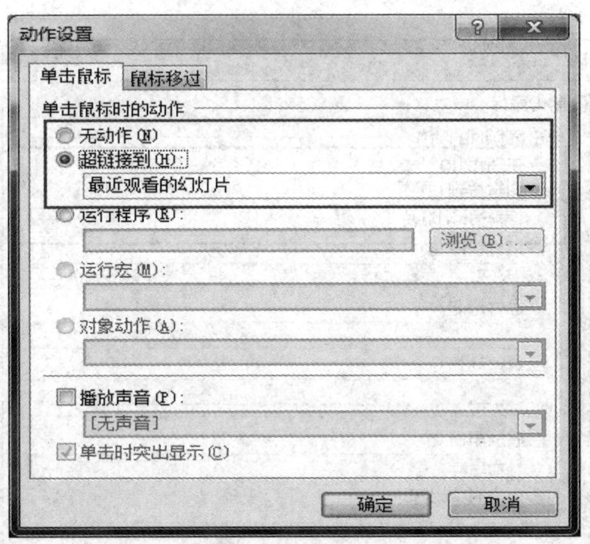

图 3-28　设置动作链接到最近观看的幻灯片

11. 完成以上操作后，选择“文件”→“另存为”命令，将制作好的演示文稿以“城市.pptx”为文件名保存到考生文件夹中。

三、效果图

制作好的城市风景 PPT 效果图如图 3-29 所示。

图 3-29　城市风景 PPT 效果图

第 4 题　优化电子课件 PPT

一、操作要求

打开考生文件夹中的“pp10.pptx”文件，完成如下操作：

(1) 在第一张幻灯片中插入标题“计算机网络技术”(黑体，字号 54，颜色：红色 120,、绿色 50、蓝色 0)，副标题“计算机信息工程系”(楷体，字号 32，颜色：红色 50、绿色 60、蓝色 240)。在第一张幻灯片中设置所有对象的动画效果为“自顶部飞入”。

(2) 在第二张幻灯片中插入标题“学习目标”(仿宋，字号 48，加粗，黑色)及以下文字(宋体，字号 32，行距 1.5 行，颜色：红色 250、绿色 40、蓝色 10)。

- 了解网络基础知识
- 掌握局域网的组建
- 掌握网络操作系统的基本配置
- 掌握 Internet 接入
- 掌握应用服务器安装与配置

完成以上操作后，以“电子课件.pptx”为文件名保存到考生文件夹中。

二、操作步骤

1. 打开考生文件夹中的“pp10.pptx”文件，在第一张幻灯片的标题栏中输入文字“计算机网络技术”，并设置字体为黑体，字号为“54”，如图 3-30 所示。

图 3-30 录入标题文字并设置字体

2. 选中标题文本，单击“开始”选项卡中的“字体颜色”按钮，在下拉列表中单击“其他颜色”选项，如图 3-31 所示；然后在弹出的“颜色”对话框中单击“自定义”选项卡，并设置“红色”为“120”，“绿色”为“50”，“蓝色”为“0”，如图 3-32 所示，最后单击“确定”按钮。

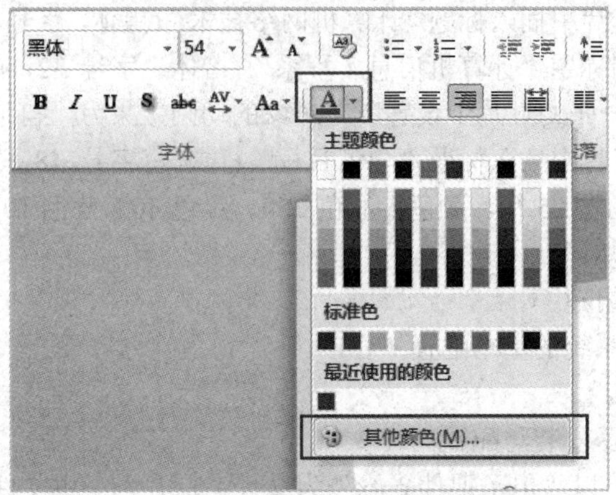

图 3-31　选择字体颜色中其他颜色

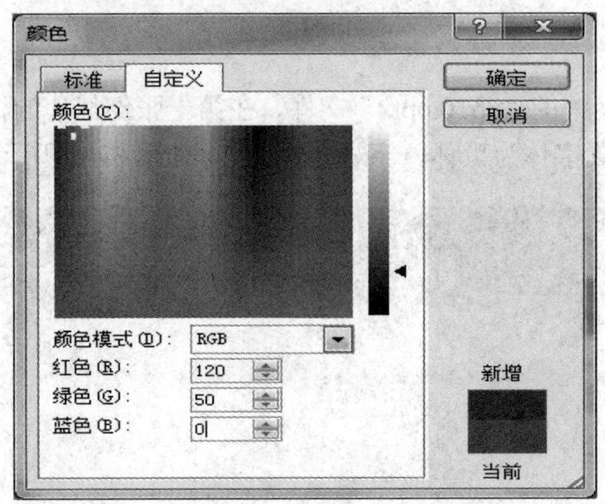

图 3-32　设置自定义颜色

3. 在副标题文本框中输入文字“计算机信息工程系”，并设置字体为楷体，字号为 32，颜色为：红色 50、绿色 60、蓝色 240，如图 3-33 所示。

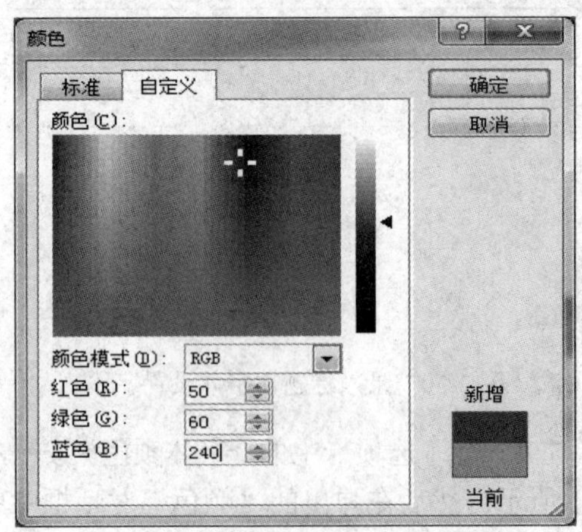

图 3-33　设置副标题的字体颜色

4. 选中第一张幻灯片，按 Ctrl + A 组合键选择当前幻灯片中的所有对象，然后单击“动画”选项卡中的“飞入”按钮，再单击“动画”功能区右侧的“效果选项”按钮，在下拉列表中单击“自顶部”选项，如图 3-34 所示。

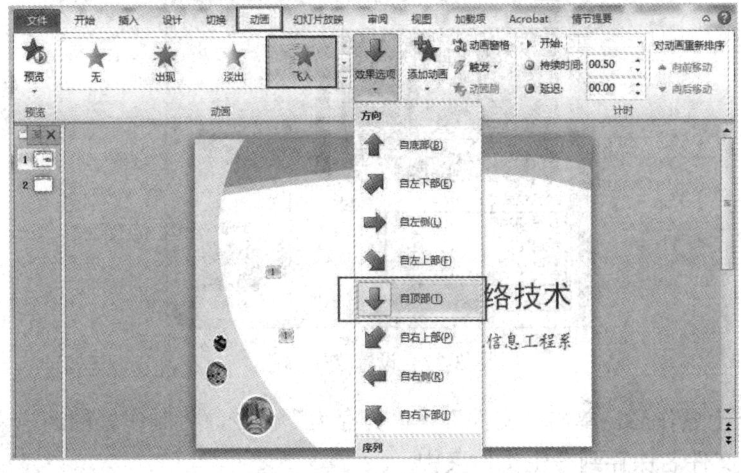

图 3-34 设置对象动画

5. 选中第二张幻灯片，在标题文本框中输入文字“学习目标”，并设置字体为仿宋，字号为 48，加粗，颜色为黑色，如图 3-35 所示。

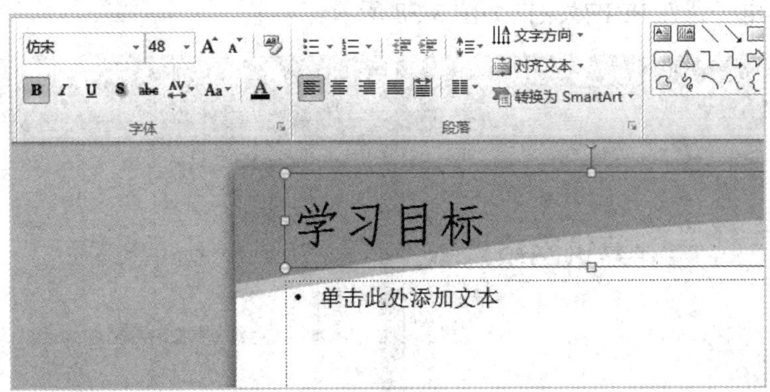

图 3-35 插入标题并设置字体格式

6. 在内容文本框中按样文要求输入文字，并设置字体为宋体，字号为 32 号，行距为 1.5 倍行距(如图 3-36 所示)，然后设置颜色为自定义颜色：红色 250、绿色 40、蓝色 10，如图 3-37 所示。

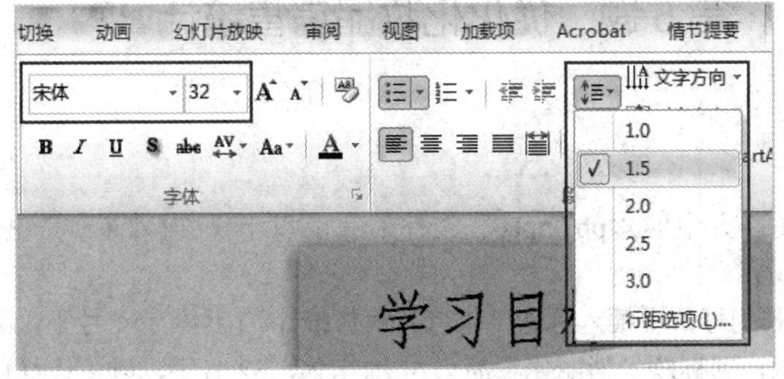

图 3-36 设置字体及段落格式

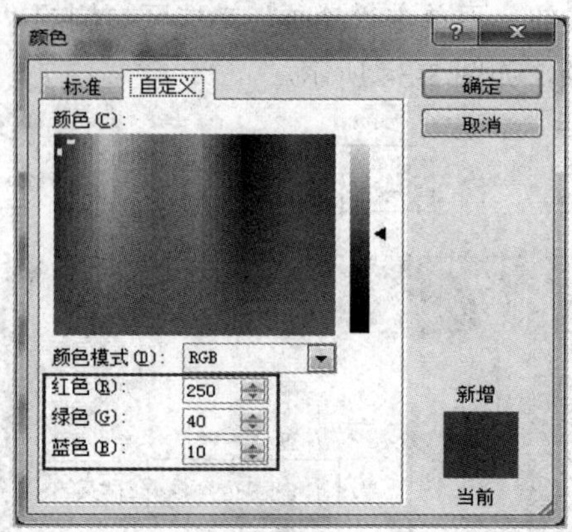

图 3-37　设置文字颜色

7. 完成以上操作后，单击“文件”→“另存为”命令，将制作好的演示文稿以“电子课件.pptx”为文件名保存到考生文件夹中。

三、效果图

制作好的电子课件 PPT 效果图如图 3-38 所示。

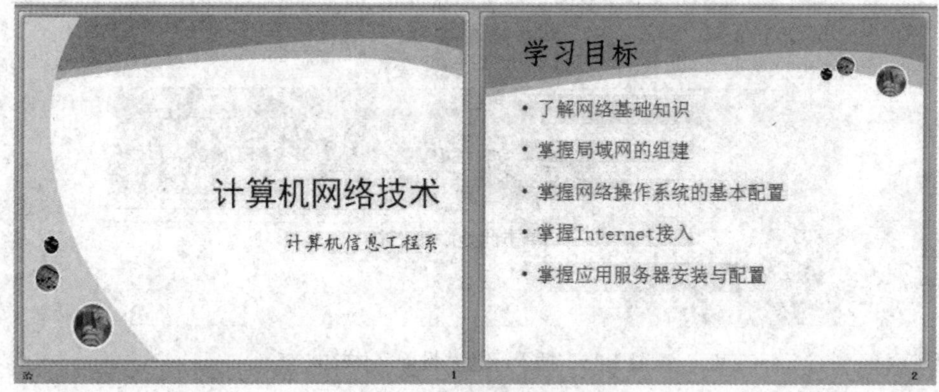

图 3-38　电子课件 PPT 效果图

第 5 题　优化化妆品销售统计 PPT

一、操作要求

打开考生文件夹中的“pp7.pptx”文件，完成以下操作(效果如考生文件夹下的图“phzp.jpg”所示)：

(1) 在第一张幻灯片中插入标题“化妆品销售统计”(黑体，54 号字，颜色：红色 120、绿色 50、蓝色 0)，副标题“俏丽化妆品公司”(楷体，32 号字，颜色：红色 50、绿色 60、蓝色 240)。

(2) 在第二张幻灯片中设置超链接：“第一季度销售业绩”链接到第三张幻灯片，“第二季度销售业绩”链接到第四张幻灯片。

(3) 在第三张幻灯片中插入动作按钮(如“phzp.jpg”所示)，返回到第二张幻灯片。

(4) 在第四张幻灯片中插入动作按钮(如“phzp.jpg”所示)，返回到第二张幻灯片。

完成以上操作后，以“化妆品.pptx”为文件名保存到考生文件夹中。

二、操作步骤

1. 打开考生文件夹中的“pp7.pptx”文件，选中第一张幻灯片，然后在标题文本框中输入文字“化妆品销售统计”，并设置字体为黑体，字号为 54，颜色为自定义颜色：红色 120、绿色 50、蓝色 0，如图 3-39 所示。

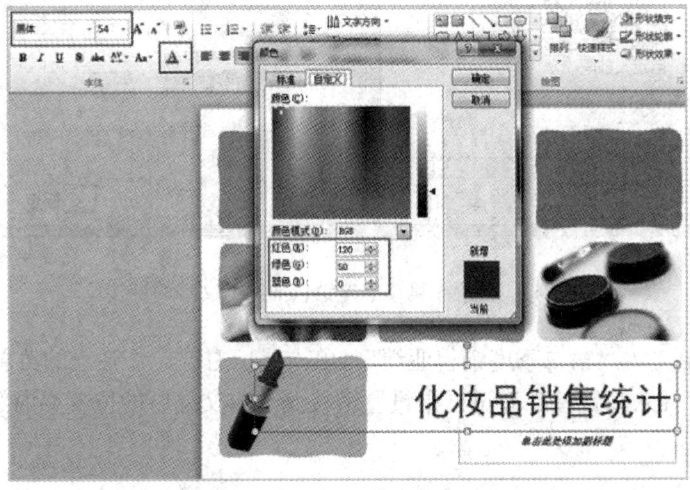

图 3-39　设置主标题的字体格式

2. 在副标题文本框中输入文字“俏丽化妆品公司”，并设置字体为楷体，字号为 32，颜色为自定义颜色：红色 50、绿色 60、蓝色 240，如图 3-40 所示。

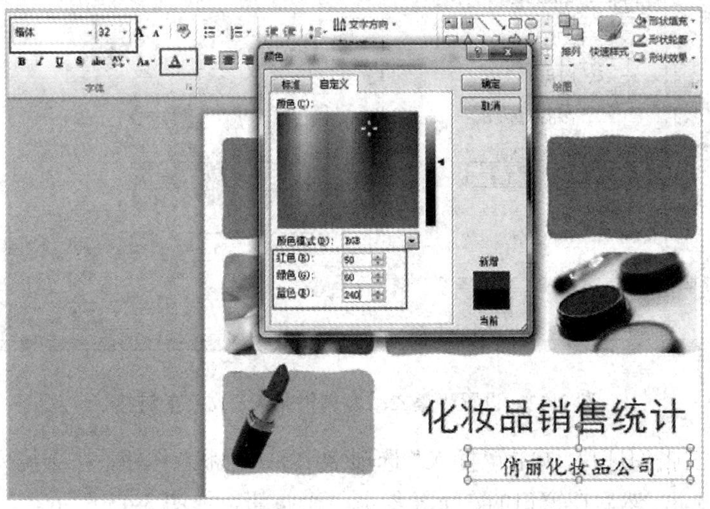

图 3-40　设置副标题的字体格式

3. 单击第二张幻灯片，然后选中文本“第一季度销售业绩”，单击鼠标右键，在弹出的菜单中选择“超链接”命令，在“插入超链接”对话框中设置链接到“本文档中的位置”的第三张幻灯片，如图3-41所示。

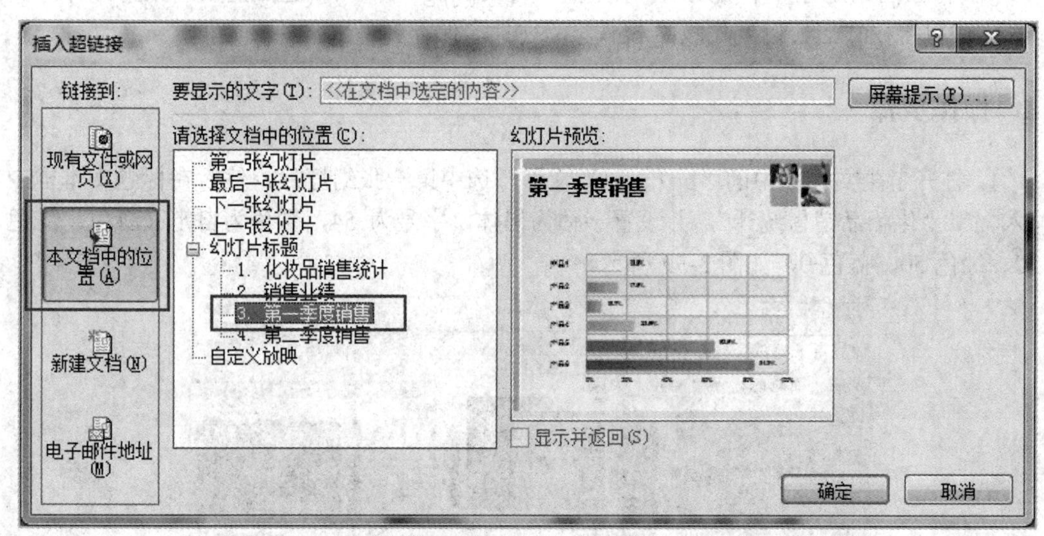

图3-41 设置“第一季度销售业绩”文字的链接

4. 然后选中文本“第二季度销售业绩”，单击鼠标右键，在弹出的菜单中选择“超链接”命令，在“插入超链接”对话框中设置链接到“本文档中的位置”的第四张幻灯片，如图3-42所示。

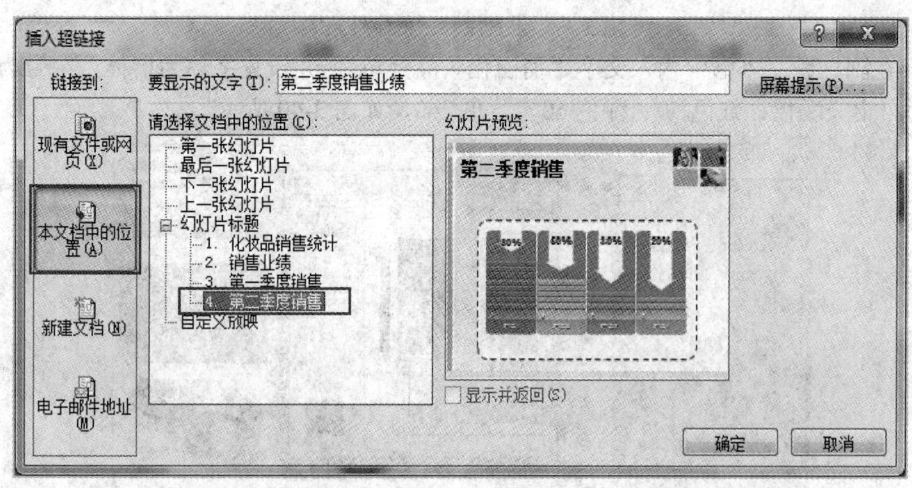

图3-42 设置“第二季度销售业绩”文字的链接

5. 单击第三张幻灯片，单击“插入”选项卡中的“形状”按钮，在下拉列表中单击“开始”动作按钮 ，然后在窗口的右下角绘制一个按钮，如图3-43所示。

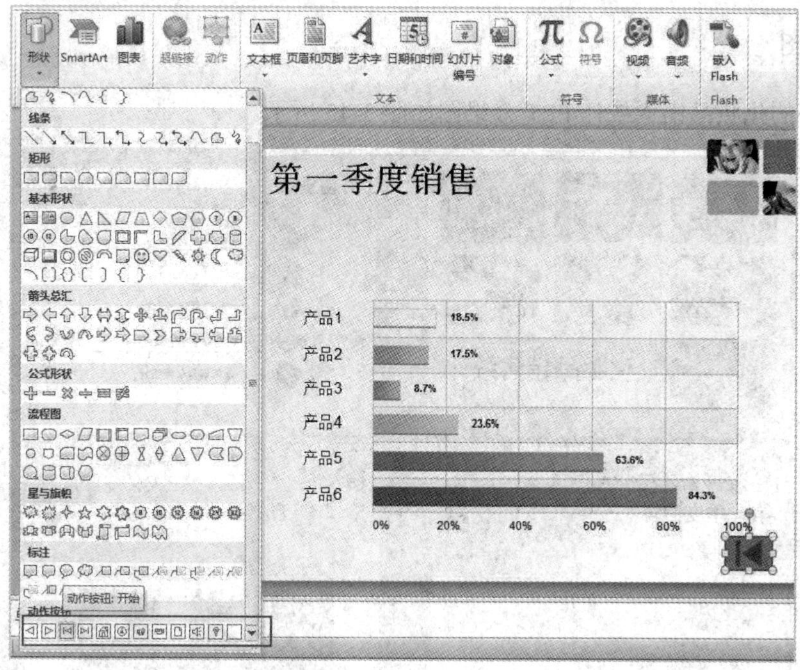

图 3-43　添加动作按钮

6. 绘制完按钮后，在弹出的“动作设置”对话框中设置当“单击鼠标时动作”超链接到 “幻灯片”选项，然后在弹出的“超链接到幻灯片”对话框中选择第二张幻灯片，单击“确定”按钮，如图 3-44 所示。

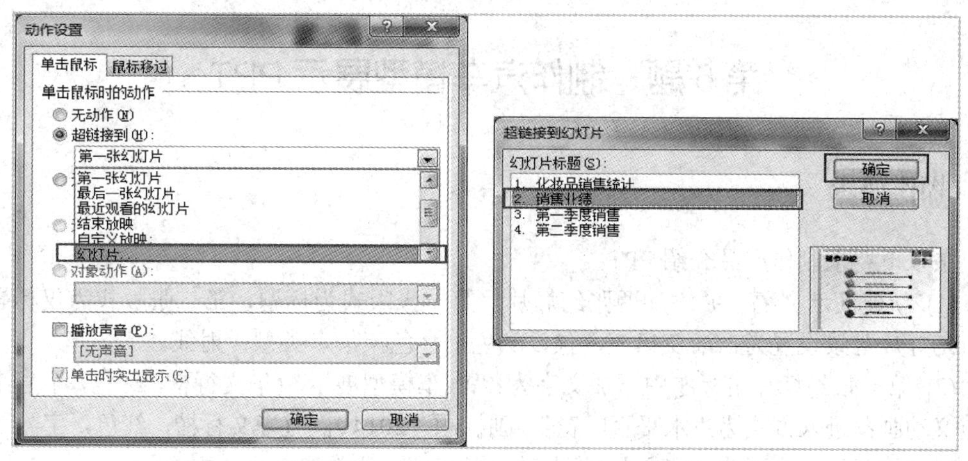

图 3-44　设置超链接到幻灯片

7. 选中前面绘制的按钮，按 Ctrl + C 组合键复制，然后单击第四张幻灯片，按 Ctrl+V 组合键将该按钮粘贴到第四张幻灯片。由于两个按钮链接的目标都是第二张幻灯片，因此不需要做任何其他设置。

8. 完成以上操作后，选择“文件”→“另存为”命令，将制作好的演示文稿以“化妆品.pptx”为文件名保存到考生文件夹中。

三、效果图

制作好的化妆品销售统计 PPT 效果图如图 3-45 所示。

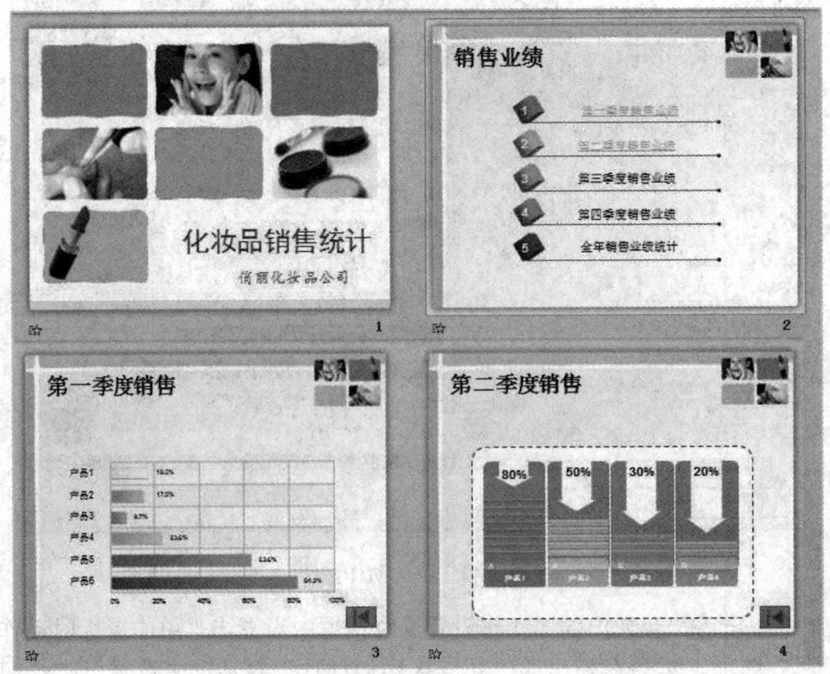

图 3-45　化妆品销售统计 PPT 效果图

第 6 题　制作汽车模型展示 PPT

一、操作要求

按以下要求制作产品介绍 PPT：

(1) 新建演示文稿，并添加两张幻灯片，第一张版式为标题，第二张版式为仅标题，所有幻灯片背景设置为：渐变填充，预设颜色：金色年华，类型：射线。

(2) 第一张幻灯片主标题中添加文字为："汽车模型展示"(华文行楷，红色，字号 72)；自定义动画：进入方式为"水平百叶窗"。副标题"2014 年"(华文行楷，红色，字号 32)；自定义动画：进入方式为"飞入"(单击时，自底部，非常快)。

(3) 在第一张幻灯片中的"幻灯片切换"中设置声音为"pp17.wav"(考生文件夹下)，要求自动放映。

(4) 在第二张幻灯片中添加标题"汽车模型"(华文行楷，红色，字号 44)。

(5) 在第二张幻灯片中插入 2 行 2 列的表格，调整适当的表格大小，分别插入四个汽车模型的图片到表格中(图片来自考生文件夹中的"汽车 1.jpg""汽车 2.jpg""汽车 3.jpg""汽车 4.jpg")。

完成以上操作后，将文件以“汽车模型.pptx”为文件名保存到考生文件夹中。

二、操作步骤

1. 打开考生文件夹，单击鼠标右键，在弹出的菜单中单击“新建”命令子菜单中的“Microsoft Powerpoint 演示文稿”命令(如图 3-46 所示)，并将新建演示文稿命名为“汽车模型.pptx”。

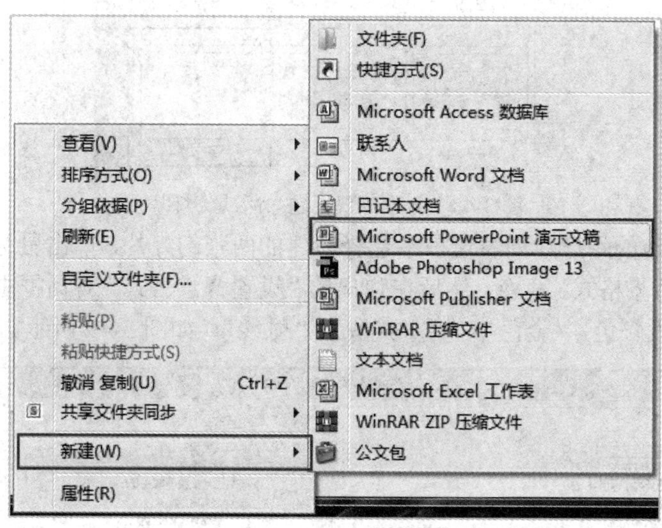

图 3-46　新建演示文稿

2. 打开创建的演示文稿“汽车模型.pptx”，单击“开始”选项卡中的“新建幻灯片”按钮，在下拉列表中单击“标题幻灯片”版式，如图 3-47 所示。然后再次单击“新建幻灯片”按钮，在下拉列表中单击“仅标题”版式，创建第二张幻灯片，如图 3-48 所示。

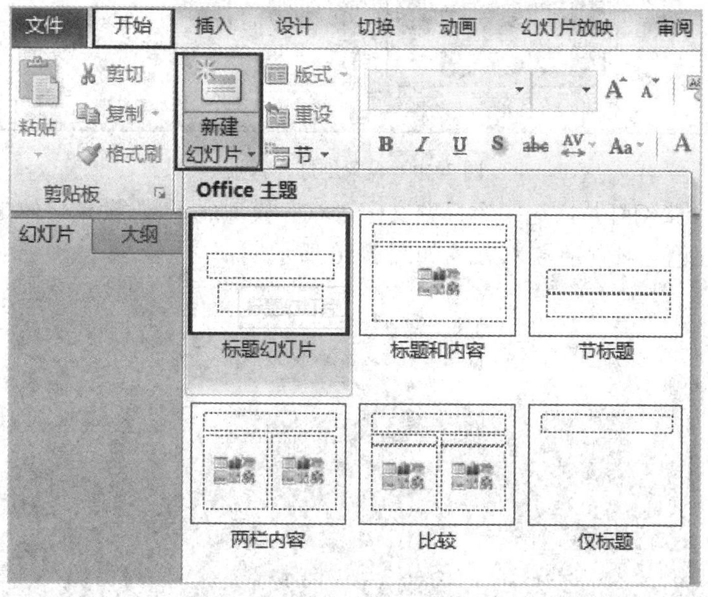

图 3-47　新建“标题幻灯片”

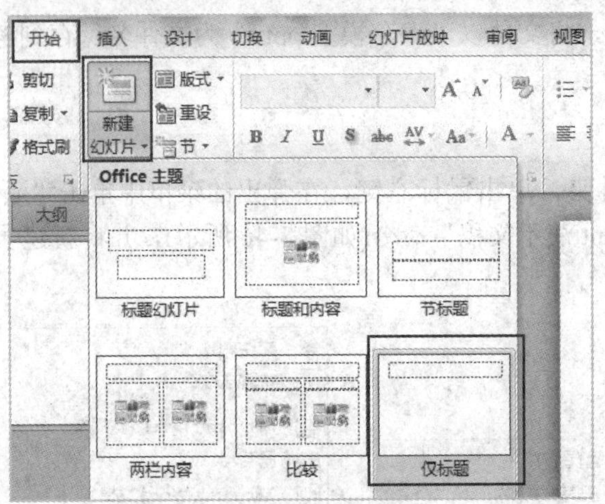

图 3-48　新建“仅标题”版式幻灯片

3. 在窗口左边的幻灯片列表窗口中选择新建的两张幻灯片，单击鼠标右键，在弹出菜单中单击“设置背景格式”命令，然后在弹出的“设置背景格式”对话框中设置背景为“渐变填充”中的预设颜色：“金色年华”，类型为“射线”，如图 3-49 所示。

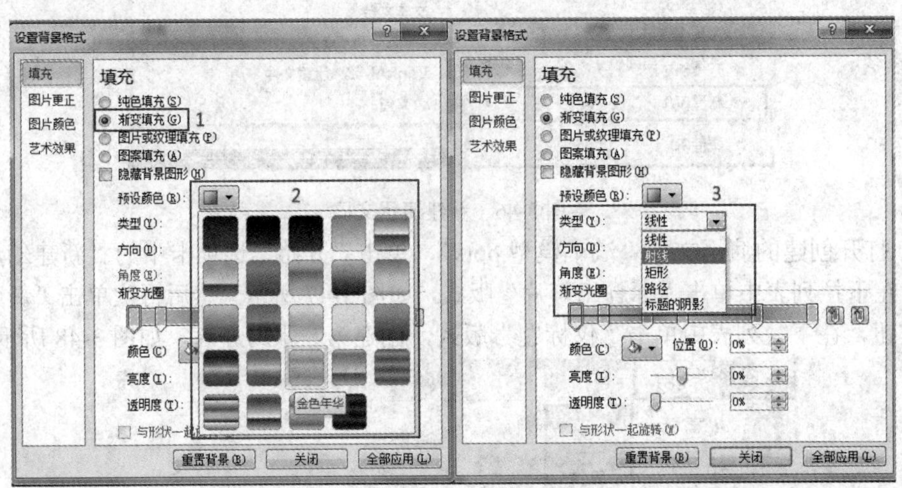

图 3-49　设置幻灯片背景

4. 单击第一张幻灯片，选中主标题文字“汽车模型展示”，设置字体为华为行楷，设置字体颜色为红色，设置字号为 72，如图 3-50 所示。

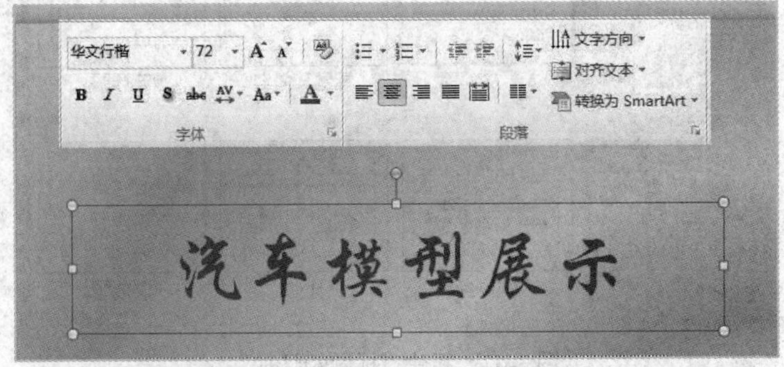

图 3-50　设置主标题的字体格式

5. 选中主标题，单击“动画”选项卡中的“添加动画”按钮，在下拉列表中单击“更多进入效果”选项，如图 3-51 所示。在弹出的“添加进入效果”对话框中选择“百叶窗”，如图 3-52 所示，然后单击“确定”按钮。

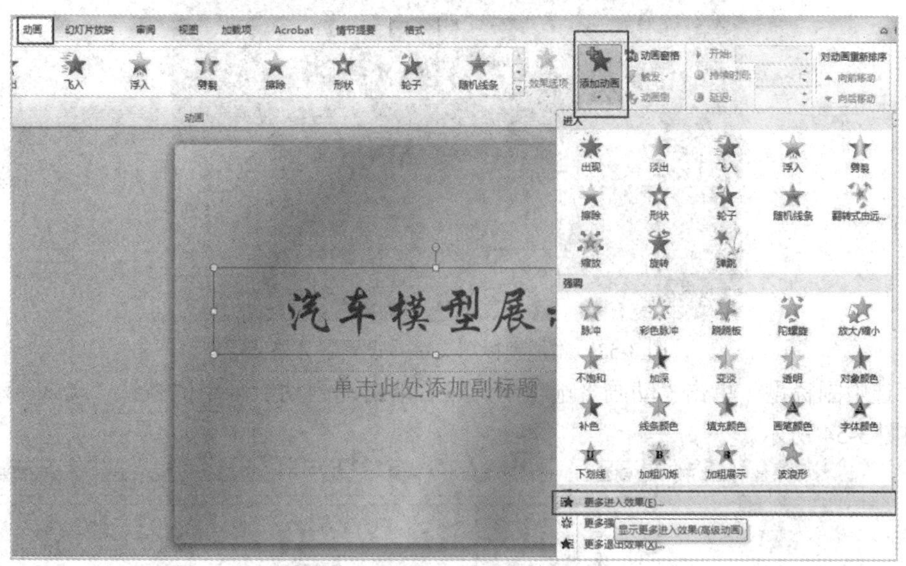

图 3-51 添加进入动画

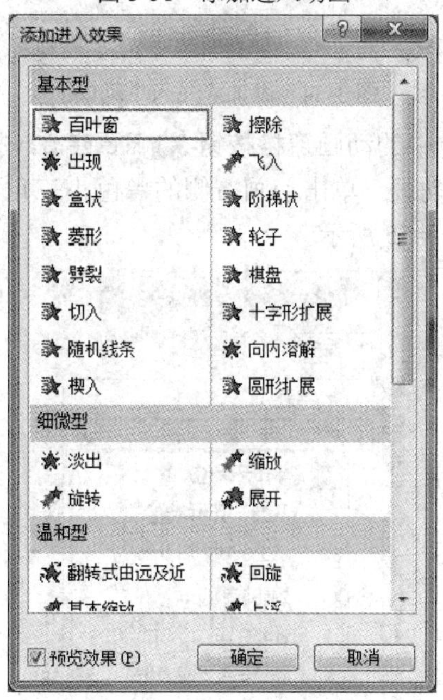

图 3-52 添加“百叶窗”动画

【注意】 添加的“百叶窗”动画默认的效果选项为“水平方向”，如果需要调整可以通过单击“动画效果”按钮进行设置。

6. 在副标题中输入文字“2014 年”，设置字体为华文行楷、颜色为红色、字号为 32，如图 3-53 所示。

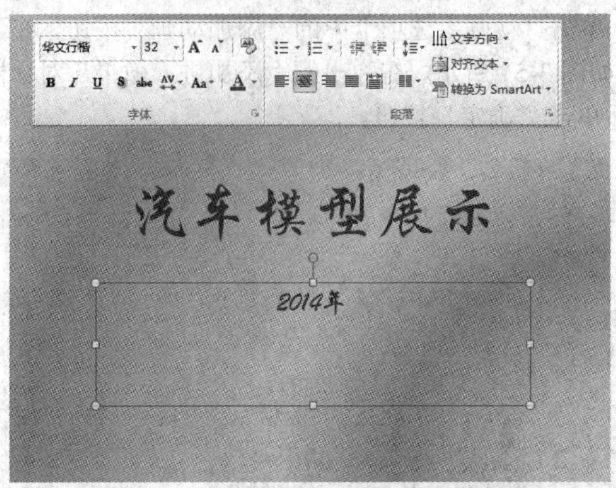

图 3-53　添加副标题文字并设置字体格式

7. 选中副标题，单击“动画”选项卡，然后单击动画功能区中的默认“飞入”动画效果，如图 3-54 所示。

图 3-54　添加“飞入”动画

8. 单击“动画”选项卡中的动画窗格按钮 动画窗格，打开“动画窗格”窗口，然后单击刚才创建的“飞入”动画，单击动画右侧的黑色小三角形，在弹出的下拉菜单中选择“效果选项”选项，如图 3-55 所示。

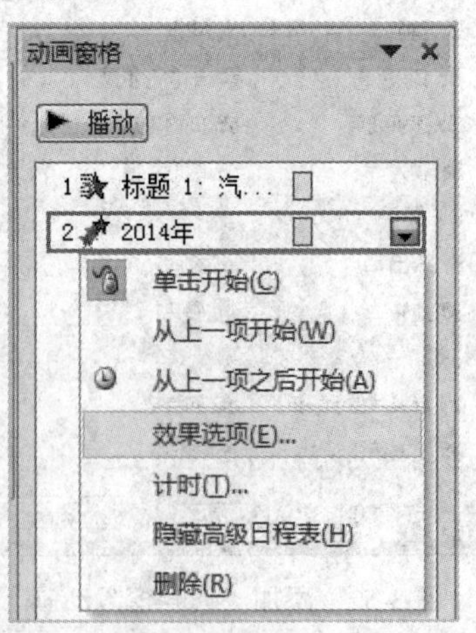

图 3-55　打开“动画窗格”窗口

9. 打开“飞入”效果选项窗口后，单击“效果”选项单卡，设置“方向”为“自底部”。再单击“计时”选项单卡，设置“开始”为“单击时”，设置“期间”为“非常快(0.5 秒)”，如图 3-56 所示。

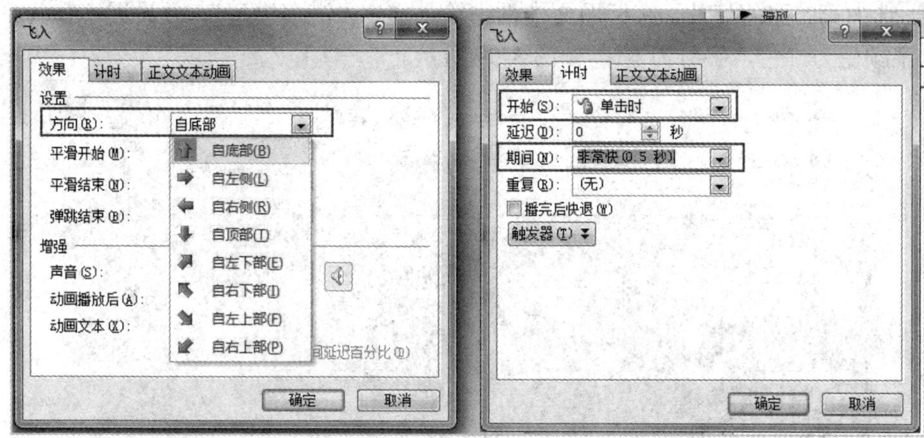

图 3-56　设置动画效果

10. 选中第一张幻灯片，单击“切换”选项单卡，单击“声音”按钮，在下拉列表中单击“其他声音”选项，如图 3-57 所示，然后在弹出的声音选择窗口中选择考生文件夹下的“pp17.wav”文件。再在设置切换方式功能区去掉“单击鼠标时”前面的勾，并勾选上“设置自动换片时间”，设置时间为“00:00.00”，如图 3-58 所示。

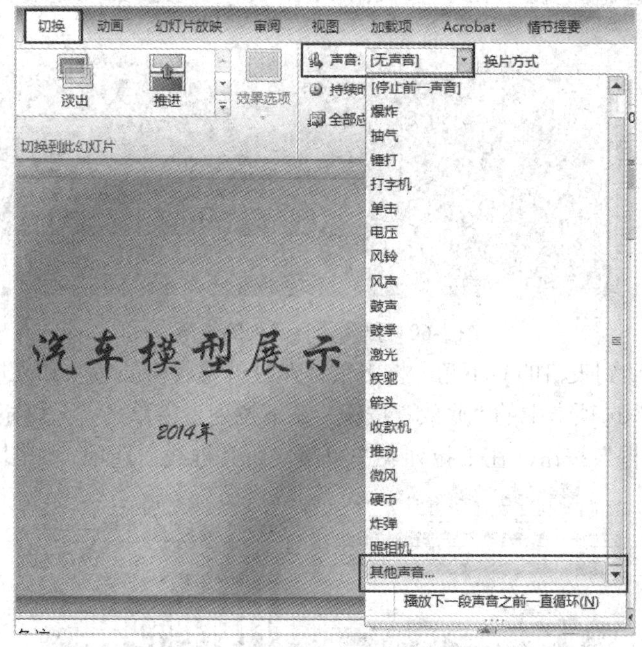

图 3-57　设置切换声音

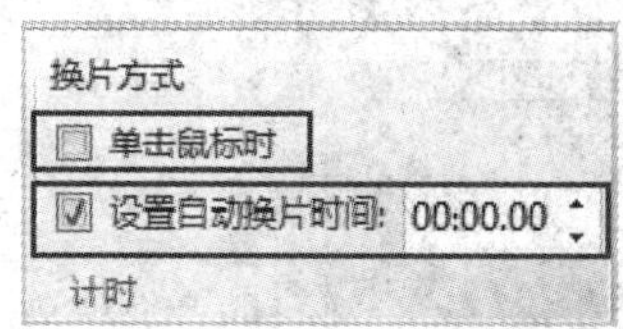

图 3-58　设置幻灯片的切换方式

11. 选中第二张幻灯片，在标题文本框中输入文字“汽车模型”，并设置字体为华文行楷，文字颜色为红色，字号为44，如图3-59所示。

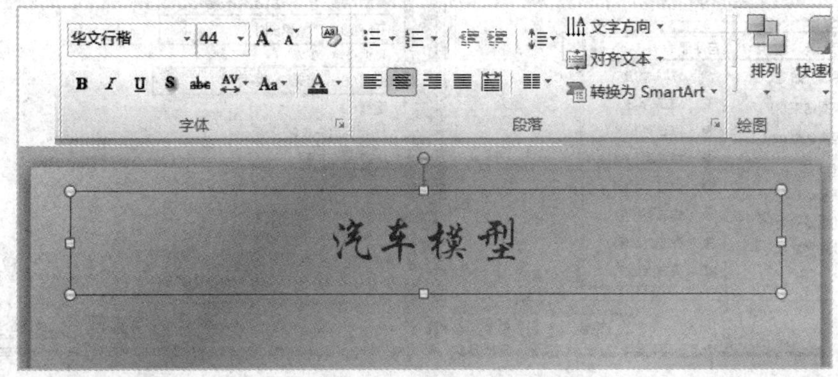

图3-59　设置标题的字体

12. 单击“插入”选项卡中的“表格”按钮，然后在下拉列表中选择两行两列的表格，如图3-60所示，则插入两行两列表格。

图3-60　插入两行两列的表格

13. 将光标移动到表格的右下角，按下鼠标左键调整表格的宽度和高度。然后选中整个表格，单击“设计”选项卡中的“底纹”按钮，在下拉列表中单击“无填充颜色”，如图3-61所示。再单击“边框”按钮，在下拉列表中单击“所有框线”选项，如图3-62所示。

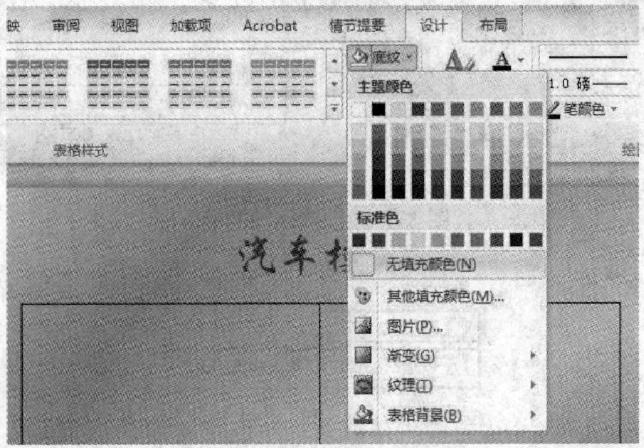

图3-61　设置表格底纹为无填充颜色

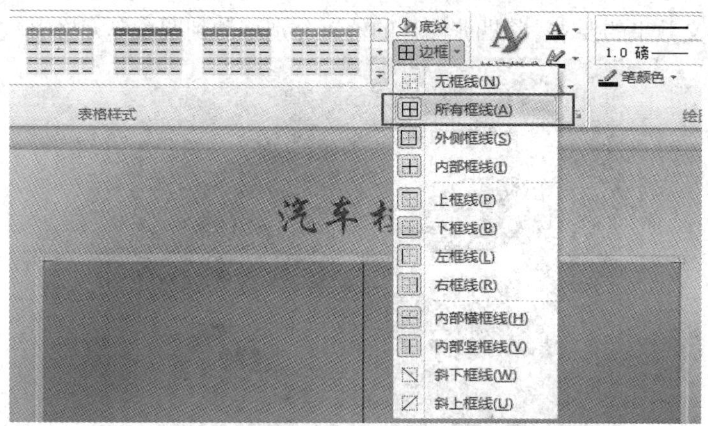

图 3-62　设置表格边框为所有框线

14. 单击“插入”选项卡中的“图片”按钮，在弹出对话框中选中考生文件夹下的四张图片，如图 3-63 所示，然后单击“插入”按钮。

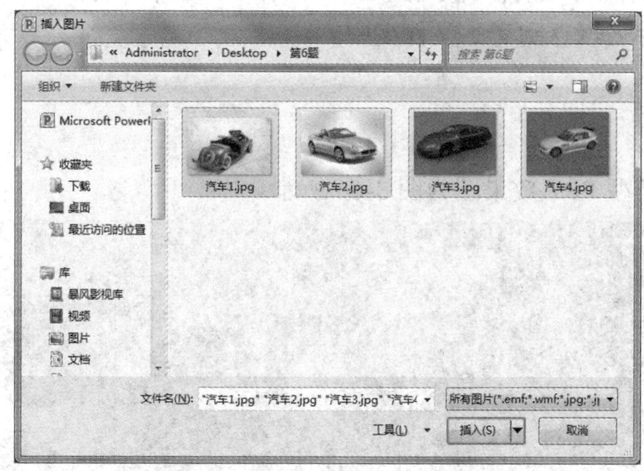

图 3-63　选择要插入的图片

15. 插入图片后，单击“格式”选项卡的“大小”功能区中的图片“高度”文本框，输入“6 厘米”后按回车键，一次将四张图片的高度都设置为 6 厘米，如图 3-64 所示。

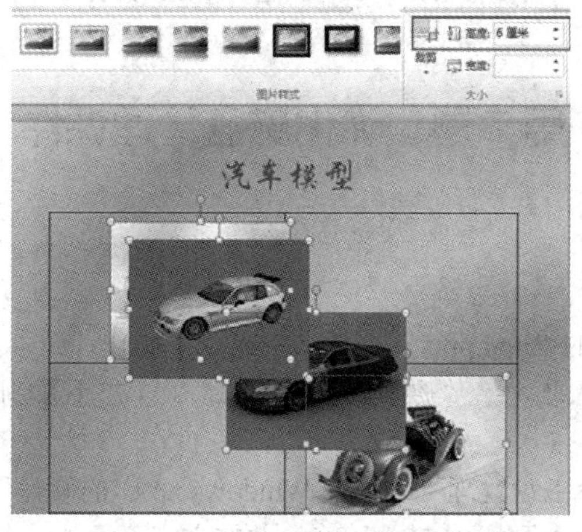

图 3-64　统一设置图片的高度为 6 厘米

16. 按照样文效果的要求，将四张图片的位置分别移动到四个单元格中，如图 3-65 所示。

图 3-65　调整图片的位置

17. 完成以上操作后，选择“文件”→“另存为”命令，将制作好的演示文稿以“汽车模型.pptx”为文件名保存到考生文件夹中。

三、效果图

制作好的汽车模型 PPT 效果图为图 3-66 所示。

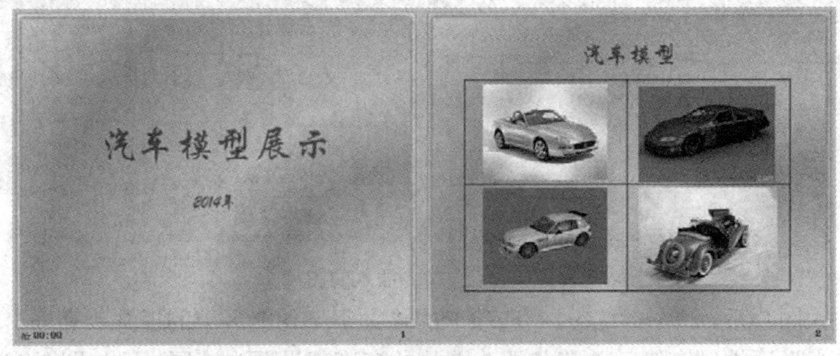

图 3-66　汽车模型 PPT 效果图

第 7 题　优化磁盘管理课件

一、操作要求

打开考生文件夹中的“pp6.pptx”文件，完成以下操作：

(1) 在幻灯片中插入艺术字“磁盘管理”，艺术字样式不限制，字体为楷体，字号为 36，放置幻灯片上方。

(2) 文字将“使用‘磁盘管理’来管理 Windows xp 中的硬盘”设置为：楷体，24 号，加粗；颜色为：红色 255、绿色 255、蓝色 0；并在文字下添加一条水平线，颜色为：红色

0、绿色 255、蓝色 0。

(3) 自定义动画：将艺术字“磁盘管理”自右侧飞入，绿线上的文字和绿线使用水平百叶窗式打开，绿线下的所有文字自底部飞入。

完成以上操作后，将文件以“磁盘管理.pptx”为文件名保存到考生文件夹下。

二、操作步骤

1. 打开考生文件夹中的“pp6.pptx”文件，单击“插入”选项卡中的“艺术字”按钮，在下拉列表中单击“填充-白色,投影”样式，如图 3-67 所示。

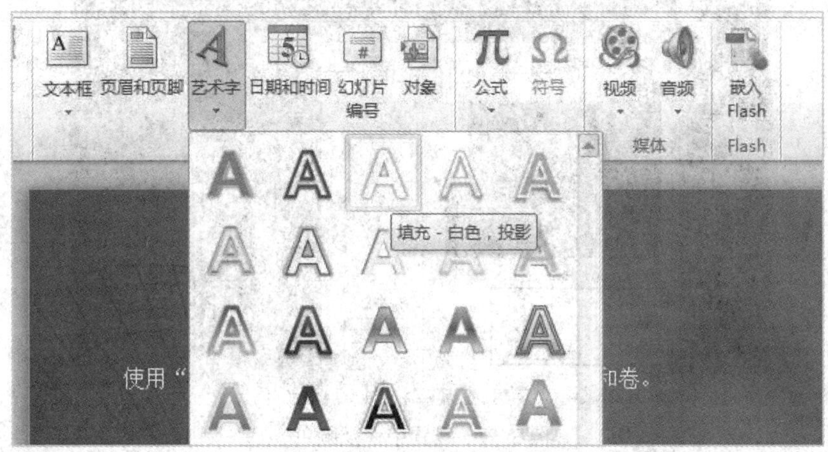

图 3-67　插入艺术字

2. 在艺术字编辑栏输入文字“磁盘管理”，并设置字体为楷体、字号为 36，然后用鼠标拖动艺术字“磁盘管理”到窗口的上方，如图 3-68 所示。

图 3-68　设置艺术字的字体格式

3. 选中“使用‘磁盘管理’来管理 Windows xp 中的硬盘和卷。”文字，设置其字体为楷体，字号为 24、加粗，颜色为自定义颜色：红色 255、绿色 255、蓝色 0，如图 3-69 所示。

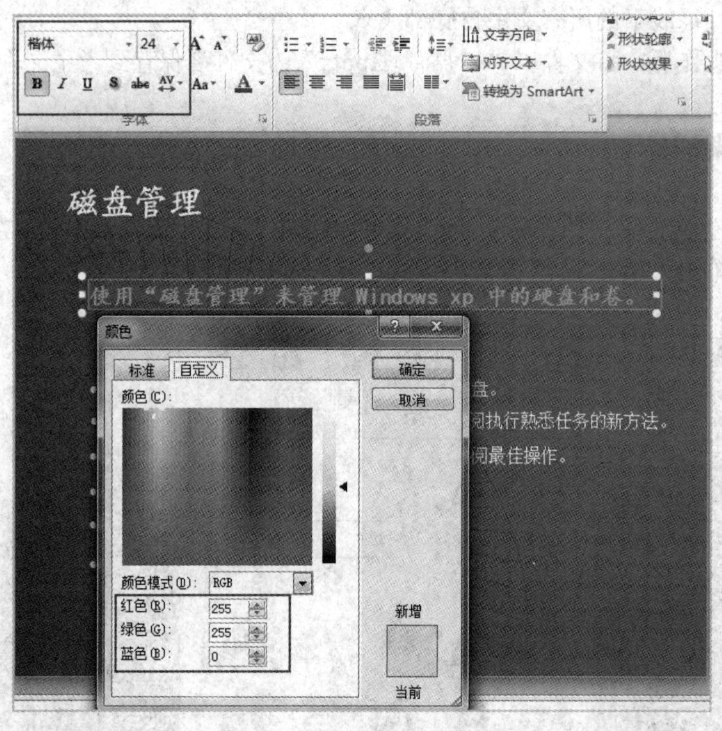

图 3-69　设置字体及颜色

4. 单击“插入”选项卡中的“形状”按钮，在下拉列表中单击“直线”工具(如图 3-70 所示)。然后在文字下方绘制一条直线，如图 3-71 所示。

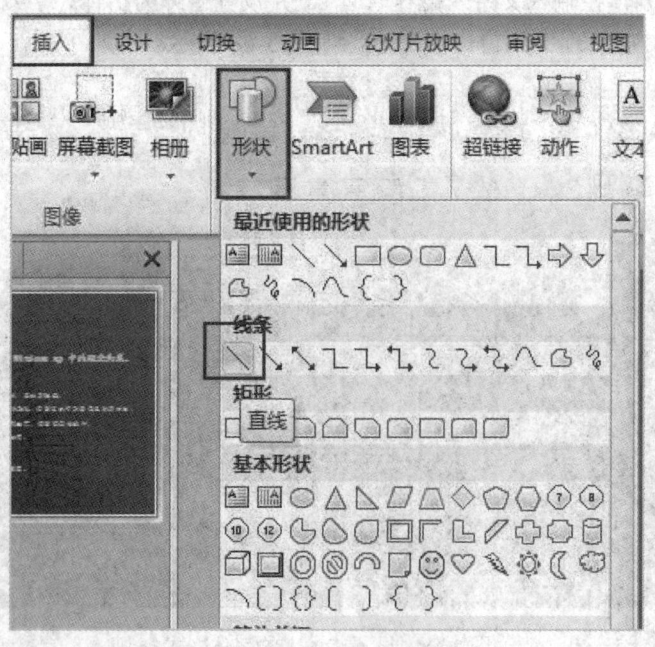

图 3-70　设置下划线

图 3-71 在文字下方绘制一条直线

5. 鼠标左键双击该直线，单击"格式"选项卡中的"形状轮廓"按钮，在下拉列表中单击"其他轮廓颜色"选项，如图 3-72 所示。然后在弹出的"颜色"设置对话框中设置颜色为：红色 0、绿色 255、蓝色 0，如图 3-73 所示。

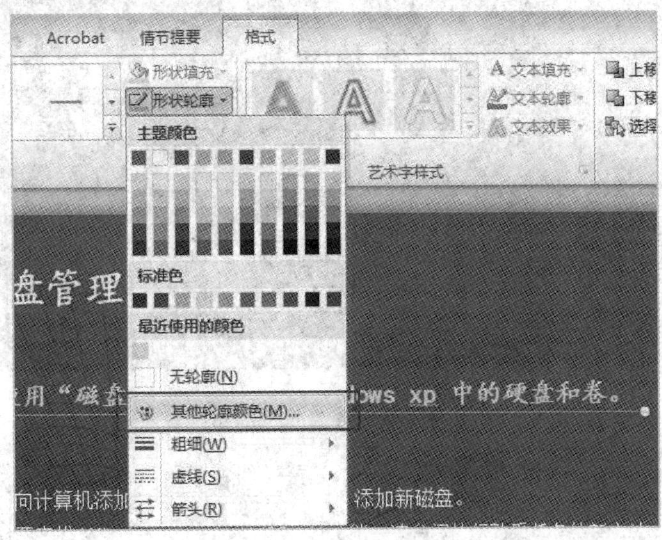

图 3-72 设置线条颜色

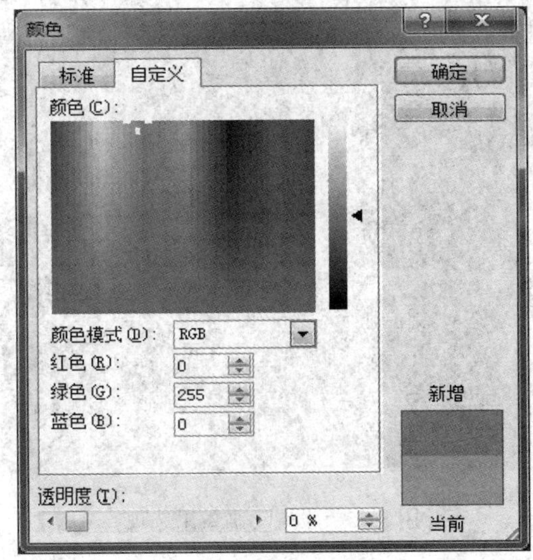

图 3-73 设置线条颜色值

6. 选中艺术字“磁盘管理”，单击“动画”选项卡，选择“飞入”动画按钮，如图 3-74 所示。然后单击动画功能区右侧的“效果选项”按钮，在下拉列表中单击“自右侧”选项，如图 3-75 所示。

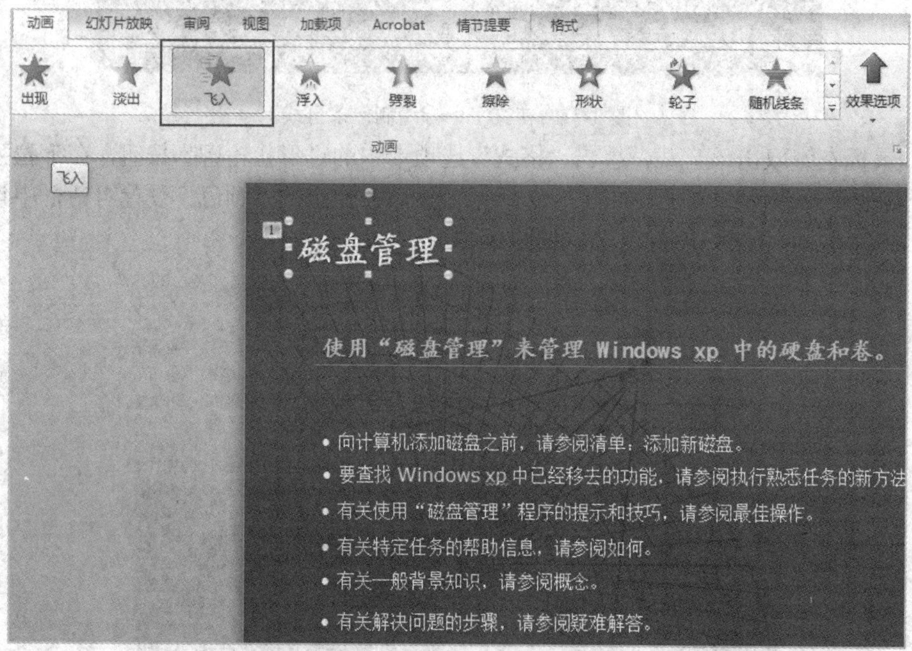

图 3-74　插入“飞入”动画

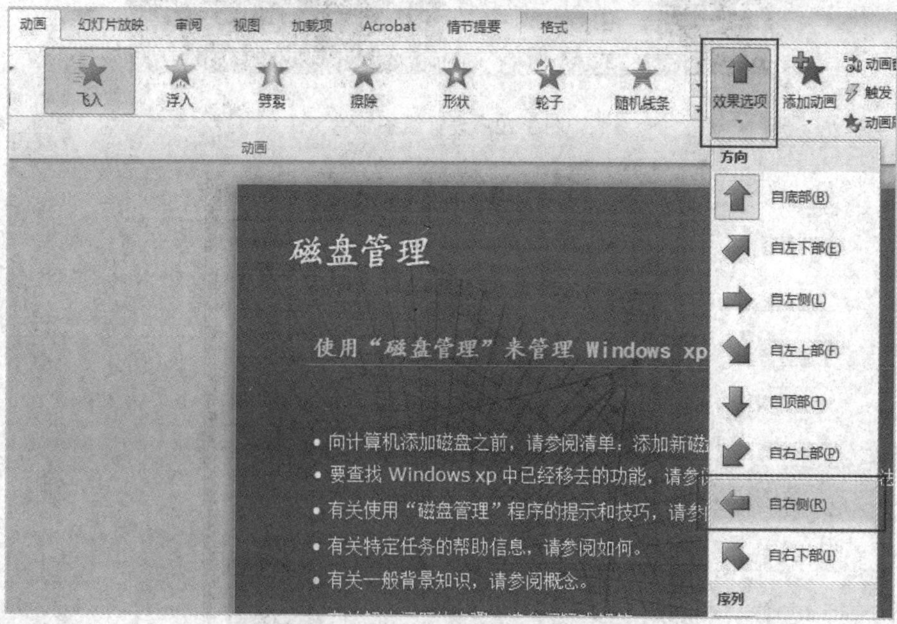

图 3-75　设置动画效果选项

7. 选中绿线及线上的文字，单击“动画”选项卡中的“添加动画”按钮，在下拉列表中单击“更多进入效果”选项(如图 3-76 所示)，再在弹出的“添加进入效果”窗口中单击“百叶窗”选项，如图 3-77 所示，然后单击“确定”按钮。

图 3-76 添加进入动画

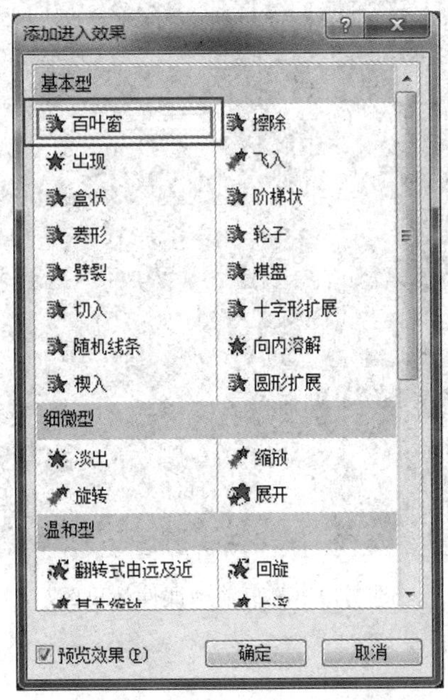

图 3-77 设置动画效果为“百叶窗”

8. 选择绿线以下的所有文字，单击“动画”选项中的“飞入”效果，再单击动画功能区右侧的“效果选项”按钮，最后单击下拉列表中的“自底部”选项，如图3-78所示。

图3-78 设置动画效果选项

9. 完成以上操作后，选择“文件”→“另存为”命令，将文件以“磁盘管理.pptx”为文件名保存到考生文件夹下。

三、效果图

制作好的磁盘管理课件效果图为图3-79所示。

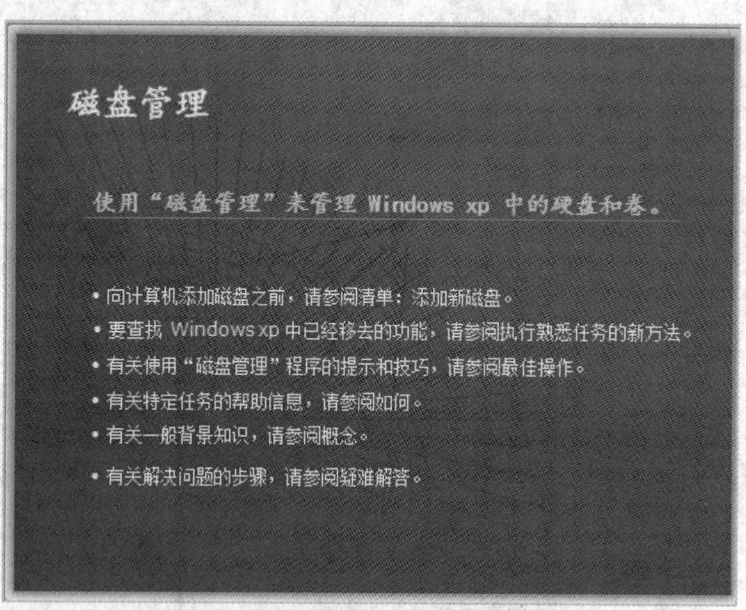

图3-79 磁盘管理课件效果图